计算机是怎样跑起来的 (第2版)

TURING

图灵程序
设计丛书

[日] 矢泽久雄 / 著　胡屹 / 译

How
Computers
Work

U0107856

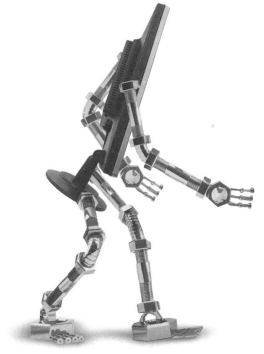

人民邮电出版社
北　京

图书在版编目（CIP）数据

计算机是怎样跑起来的 /（日）矢泽久雄著；胡屹
译. -- 2版. -- 北京：人民邮电出版社，2024.4
（图灵程序设计丛书）
ISBN 978-7-115-63918-9

Ⅰ. ①计… Ⅱ. ①矢… ②胡… Ⅲ. ①电子计算机－
基本知识 Ⅳ. ①TP3

中国国家版本馆 CIP 数据核字 (2024) 第 040932 号

内 容 提 要

本书倡导在计算机迅速发展、技术不断革新的今天，回归到计算机的基础知识上。通过探究计算机的本质，工程师将提升对计算机的兴趣，在面对复杂的最新技术时，能够迅速掌握其要点并灵活运用。本书以图配文，以计算机的三大原则为开端，相继介绍了计算机的结构、手工汇编、程序流程、算法、数据结构、面向对象编程、数据库、TCP/IP 网络、数据加密、XML、计算机系统开发以及 SE 的相关知识。第 2 版的部分程序改用 Python 来呈现，数据库改用 MySQL，并对加密部分做了升级。

本书图文并茂，通俗易懂，非常适合计算机爱好者和相关从业人员阅读。

◆ 著　　　[日] 矢泽久雄
　　译　　　胡　屹
　　责任编辑　张海艳
　　责任印制　胡　南

◆ 人民邮电出版社出版发行　　北京市丰台区成寿寺路11号
　　邮编　100164　　电子邮件　315@ptpress.com.cn
　　网址　https://www.ptpress.com.cn
　　三河市中晟雅豪印务有限公司印刷

◆ 开本：880×1230　1/32
　　印张：8.125　　　　　　　　　2024年4月第2版
　　字数：203千字　　　　　　　2024年4月河北第1次印刷
　　著作权合同登记号　图字：01-2023-1921号

定价：69.80元

读者服务热线：(010)84084456-6009　印装质量热线：(010)81055316
反盗版热线：(010)81055315
广告经营许可证：京东市监广登字 20170147 号

前　言

我从 30 多年前开始担任 IT 企业培训的讲师。培训的对象有时是新入职的员工，有时是入职多年的骨干员工。这期间通过与一些勉强算是计算机专家的年轻工程师接触，我感到与过去的工程师相比，他们对技术的兴趣少得可怜。并不是说所有的培训对象都如此，但这样的工程师确实占多数。这并不是大吼着命令他们加强学习或用激将法嘲讽他们的专业性就能解决的问题。究其根源，是因为计算机对他们来说，还没有有意思到废寝忘食的地步。为什么他们会觉得计算机没意思呢？通过和多名培训对象的交流，我渐渐找到了答案。原因是他们不了解计算机。然而，又是什么造成了他们的"不了解"呢？

今天，计算机技术正在以惊人的速度发展和变化着，而且变得越来越复杂，但是工程师们并没有充裕的时间去深入学习每一门技术，这正是问题的根源。翻了翻技术手册，刚学到表层的使用方法，就觉得"反正已经达到目的了"，这正是现状。如果总是把技术当作黑盒，只把时间花在学习表面知识上，而不对其本质进行探索，那么就根本算不上已经"懂"了。不懂的话，就会感到没意思，也就不会产生想要深入学习的欲望了。如果你每日使用的都是一些不知其所以然的技术，那么就会日益感到不安。令人遗憾的是，还有一些工程师在遇到挫折后，就选择了离开计算机行业。身为一名教授计算机技术的讲师，我由衷地感到自己应该想办法改变这种现状。

即使面对复杂的最新技术，昔日的工程师似乎依然可以轻松掌握。究其原因，从刚刚可以轻松买到早期的 8 比特微型计算机或个人计算机的那个时代开始，他们就接触到了计算机。面对当时为数不多的技术，他们可以从容地把时间花在学习计算机的基础知识上。而这些基础知识，即使到了今天也几乎没有发生变化。因此，即使面对复杂的最新技术，只要把它们回归到计算机的基础知识上，还是不难理解的。就算和年轻的工程师们阅读同样的技术手册，他们也能更快地领会要点、抓住本质。

其实不仅是计算机技术领域，其他领域亦是如此。只有了解了"知识范围"，掌握了范围内一个个"最基础的知识"，才能达成成为合格的从业者的"目标"。本书的目的是帮助诸位了解计算机技术的知识范围，掌握最基础的知识，最终达成目标。如果你正打算利用计算机做点儿什么，却又因难以下手而犹豫不决，或是虽然身处计算机行业，但因追赶不上最新技术而苦恼，那么希望本书能够带你看清计算机的本质。计算机其实非常简单，所有人都能掌握，而一旦你对其有所了解，自然会感到它越来越有趣。

本书第 1 版（日文版）自 2003 年出版以来，20 多年间得到了广大读者的喜爱。在本次修订中，我将计算机的电路图从 Z80 的微型计算机改为了 COMET Ⅱ，使用 Python 重写了用 VBScript 编写的示例程序，并将 DBMS 由 Microsoft Access 改为了 MySQL，此外还做了大量补充和更正。相较于第 1 版，第 2 版在基本内容上没有太大变化，因为时至今日，计算机技术的知识范围、最基础的知识以及目标几乎没有改变。

矢泽久雄

2022 年 7 月

目录

第4章　程序像河水一样流动　　　　67

COLUMN　**来自企业培训现场**

第5章　与算法成为好朋友的 7 个要点　　　89

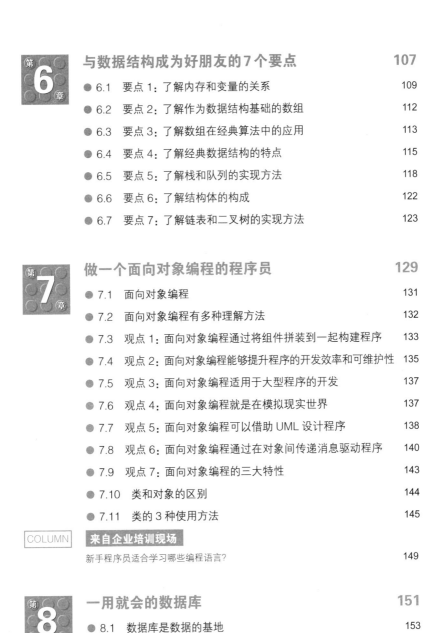

计算机是怎样跑起来的（第2版）
——本书的主要关键词

最基础的知识（入门知识）

第1章 计算机的三大原则
输入、运算、输出、指令、数据、计算机的处理方式、计算机不断进化的原因

知识范围

程序设计

第4章 程序像河水一样流动
顺序执行、条件分支、循环、流程图、结构化程序设计、事件驱动

第5章 与算法成为好朋友的7个要点
辗转相除法、素数、鸡兔同笼问题、顺序查找、哨兵

第6章 与数据结构成为好朋友的7个要点
变量、数组、栈、队列、结构体、自我引用的结构体、列表、二叉树

第7章 做一个面向对象编程的程序员
类、建模、UML、消息传递、继承、封装、多态

目标

第12章 SE负责监管计算机系统的开发
瀑布模型、审核、模块化、IT解决方案、可用性

读完本书，便可了解有关计算机技术的最基础的知识、知识范围，并达成目标。

硬件和软件

第2章 制作一台计算机
CPU、内存、I/O、时钟信号、集成电路、数据总线、地址总线、控制信号线

第3章 体验汇编语言
机器语言、寄存器、地址、汇编语言、操作数、操作码

数据库

第8章 一用就会的数据库
关系型数据库、DBMS、规范化、索引、SQL、事务回滚

网络

第9章 使用网络命令来探索网络的机制
MAC地址、IP地址、DHCP、路由器、DNS、TCP、端口号

安全

第10章 加密与解密
明文、密文、密钥、对称密钥加密、公开密钥加密、数字签名

数据格式

第11章 XML究竟是什么
标记语言、元语言、CSV、命名空间、DTD、DOM、MathML

本书结构

本书共分为 12 章，每章由热身问答、本章要点、正文这 3 部分构成。全书还穿插了两个专栏（COLUMN）。

●热身问答

在各章的开头部分设有简单的问题作为热身活动，请诸位务必挑战一下。设置这一部分的目的，是让诸位能带着问题阅读正文的内容。

●本章要点

各章的"本章要点"部分揭示了正文的主题。诸位可以读一读，以确认这一章中是否有想要了解的内容。

●正文

正文部分会以讲座的方式，从各章要点中提到的角度出发，对计算机的运行机制予以解释说明，其中还会出现用 Python 或 C 等编程语言编写的示例程序，这些程序的代码已力求精简，即便是没有编程经验的读者也能看懂。

●专栏"来自企业培训现场"

专栏部分将会与诸位分享我自担任讲师以来，从培训现场收集来的各种各样的轶事。诸位可以时而站在讲师的角度，时而站在听众的角度读一读这部分，想必会对诸位有所帮助。

* 本书所讲解的绝大部分知识不依赖于特定的硬件或软件产品，只是在具体示例中，使用了 Windows 个人计算机、Windows 11 等产品。另外，请注意，示例中的所有软件均采用了撰写本书时的最新版本，这些软件的未来版本可能会与书中的内容有所出入。

第1章

计算机的三大原则

在阅读本章内容前，让我们先回答下面的几个问题来热热身吧。

问题

初级问题

硬件和软件的区别是什么？

中级问题

存储字符串"中国"需要几字节？

高级问题

什么是编码（code）？

怎么样？被这么一问，是不是发现有一些问题无法简单地解释清楚呢？下面我来公布答案并进行解释。

答案

初级问题：硬件是看得见摸得着的设备，比如计算机主机、显示器、键盘等。而软件是计算机执行的程序，即指令和数据。软件本身是摸不着的。

中级问题：在 GBK 字符编码下，存储"中国"需要 4 字节。

高级问题：编码是为了便于计算机处理而经过数字化处理的信息。

解释

初级问题：硬件（hardware）代表"硬的东西"，而软件（software）代表"软的东西"。是硬的还是软的取决于能否用手摸到。

中级问题：存储汉字时，汉字所占用的字节数取决于使用的字符编码。在 GBK 字符编码下，一个汉字占用 2 字节。而在 UTF-8 字符编码下，一个汉字占用 3 字节。

高级问题：计算机内部会把所有信息都当成数字来处理，尽管有些信息本来不是数字。这种用于表示信息的数字就是编码，用于表示字符的数字是"字符编码"，用于表示颜色的数字是"颜色编码"。

本章要点

　　虽然计算机看起来是一种高度复杂的机器，但是其基本原理简单得令人惊讶。相较于第一代计算机，现在的计算机并没有发生什么改变。在认识计算机时，需要把握的最基础的要点只有 3 个，我们就将这 3 个要点称为"计算机的三大原则"吧。无论多么高深、多么难懂的最新技术，都可以对照这三大原则来解释说明。

　　在了解了计算机的三大原则后，相信你一定会感到眼前豁然开朗，觉得计算机比以往更加贴近自己，你也更容易理解新技术接连不断诞生的原因了。本书以本章介绍的计算机的三大原则为基础，内容延伸至硬件和软件、编程、数据库、网络以及计算机系统的设计和开发过程。在阅读之后的章节时，也请诸位时常将这三大原则放在心上。

1.1　计算机的三大原则

　　下面就来看一下什么是计算机的三大原则吧。

(1) 计算机是执行输入、运算和输出的机器。

(2) 程序是指令和数据的集合。

(3) 计算机的处理方式往往与人们的思维习惯不同。

　　计算机是由硬件和软件组成的。诸位可以把硬件和软件的区别理解成游戏机（硬件）和收录在光盘或游戏卡中的游戏（软件）的区别，这样就不难理解硬件和软件了（三大原则中的第一条和第二条）。

　　在此之上，"计算机有计算机的处理方式"也是一条重要的原则。而且诸位请注意，计算机的处理方式往往不符合人们的思维习惯（三大原则中的第三条）。

　　计算机三大原则中的每一条，都是我在从事计算机行业 40 余年后深切领悟出来的。诸位可以把本书拿给周围了解计算机的朋友看，他们很可能会说"确实是这样的啊。""当然是这样的了。"这类话。过去的计算机发烧友们在不知不觉中就能逐渐领悟出计算机的三大原则。而对那些打算从今日开始深入接触计算机的普通人来说，三大原则中的有些地方也许一时半会儿难以理解，但是不要担心，因为下面的解释会力求让诸位都能透彻理解这三大原则。

1.2　输入、运算和输出是硬件的基础

　　我们先从硬件的基础知识开始。从硬件的角度来看，计算机是执行输入、运算和输出这 3 种操作的机器。如图 1-1 所示，计算机的硬件由大量的集成电路（IC，Integrated Circuit）组成，每块集成电路上都带有许多引脚，这些引脚有的用于输入，有的用于输出。集成电路内部会对从外部输入的信息进行运算，并把运算结果输出到外部。"运算"这个词听起来也许有些难以理解，但实际上就是"计算"的意思。计算机所做的事就是针对"输入"的数据（如 1 和 2），执行某种"运算"（如加法运算），然后"输出"计算结果（结果是 3）。

图 1-1　集成电路的引脚中有些用于输入，有些用于输出

无论是操作个人计算机，还是分析大型业务系统，抑或编写复杂的程序，都要把输入、运算和输出这三者看作一套流程，这一点很重要。其实计算机并不复杂，无非就是一台只能做这 3 件事的机器而已（参见图 1-2）。

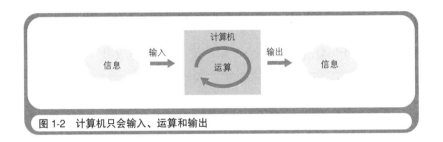

图 1-2　计算机只会输入、运算和输出

"你说得不对，计算机能做的事远比这些多得多。"也许有人会这样反驳。的确，计算机可以做各种各样的事，比如玩游戏、处理文字、核算报表、绘图、收发电子邮件、浏览网页，等等。但无论多么复杂的功能，都是通过组合一个又一个由输入、运算和输出构成的流程单位而实现的，这是毋庸置疑的事实。如果打算用计算机做点儿什么，那么就要考虑应该输入什么、希望输出什么以及进行怎样的运算才能从输入得到输出。

输入、运算和输出这三者必须成套出现，缺一不可。原因有以下几点。首先，现在的计算机还没有发展到能通过自发的思考创造出信息的地步，如果不输入信息，那么计算机就不能工作。所以，输入是必不可少的。其次，计算机不可能不执行任何运算。如果只是绕过运算环节原样输出输入的信息，那么这就是电线而不是计算机了。不进行运算，计算机就没有存在的意义。最后，既然输入的信息经过了运算，那么就必然要输出运算结果。如果不输出结果，那么这也不是计算机而只是堆积信息的垃圾箱了。因此，输出也是必不可少的。

1.3 软件是指令和数据的集合

下面介绍软件的基础知识。软件即程序。所谓程序，其实非常简单，就是指令和数据的集合。无论程序多么高深、多么复杂，其内容也只有指令和数据。指令用于控制计算机进行输入、运算和输出。把向计算机发出的指令一条条罗列出来，就得到了程序。这里成套出现的输入、运算和输出，正是 1.2 节中介绍过的硬件的基础。向计算机发出的指令与计算机硬件上的行为是一一对应的。

在编程时，所谓的"函数""语句""方法""子例程""子程序"等说法指的都是一组指令。如果只想用一种说法，那么一般情况下我推荐使用函数，因为这种说法通俗易懂。这里稍微说些题外话，诸位慢慢就会发现，在计算机行业，多个术语往往指代的是同一个概念。

程序中的数据就是指令的对象。在编程时程序员会为数据命名，并用"变量"来表示数据。看到变量和函数，诸位也许会联想到数学吧。确实很多编程语言的语法类似于数学中函数的表示方法。来看下面这个函数。

```
y = f(x)
```

在代码中，这个数学上的函数同样表示把变量 x 输入到函数 f 中，经过函数内部的某种运算后，结果会输出到变量 y 中。因为计算机是先把所有信息都转换成数字后才进行运算的，所以编程语言的语法类似数学算式也就不足为奇了。二者都在处理数字。但与数学不同的是，程序中变量和函数的名字可以由一个以上的字符构成，比如像下面这种情况。

```
answer = function(data)
```

也就是说，使用由多个字符构成的名字也是可以的，这样的名字甚至更加普遍。

下面我们通过一个例子来证明一下程序是指令和数据的集合。请看代码清单 1-1。这里列出了一段用 C 语言编写的程序。C 语言要求每条指令的末尾都有一个分号；第 1 行的 int a, b, c; 表示接下来要使用名为 a、b、c 的 3 个整数变量，其中 int 是 integer（整数）的缩写，用于告诉计算机"变量中存放的是整数"。下一行的 a = 10;表示把整数 10 赋给变量 a。同样，b = 20;表示把整数 20 赋给变量 b。等号 = 代表给变量赋值的指令。再来看最后一行的 c = average(a, b);，这里使用（术语是"调用"）了一个名为 average 的函数，它的作用是返回两个参数（括号中的变量）的平均值。这条指令表示把变量 a 和变量 b 传给（作为）函数的参数，并将运算结果（这两个变量的平均值）赋给变量 c。通过这个例子，诸位应该能看出程序中确实只包含指令和数据了吧。

代码清单 1-1　C 语言的程序示例片段

```
int a, b ,c;
a = 10;
b = 20;
c = average(a, b);
```

虽然程序的成分就是如此简单，但是那些稍微有些编程经验的人也许会反驳道：代码清单 1-1 的程序逻辑过于简单，而真正的程序使用了各种语法，比这复杂得多，绝不是仅使用指令和数据的集合就能解释清楚的。其实并非如此，无论多么复杂的程序，也都只是指令和数据的集合。下面我们再来看一个例子。

使用 C 语言编程时，存储 C 语言代码的文件需要先转换成存储机器语言代码的文件才能执行。将 C 语言等编程语言的代码（源代码）转换成机器语言的代码（原生代码）的过程称作"编译"。假设我们已将代码清单 1-1 的代码保存到了文件 sample.c 中，那么经过编译就可以生成可执行的程序文件 sample.exe 了。接下来使用能查看文件内容的工具查看 sample.exe，其内容应该与代码清单 1-2 类似。可以看到里面仅仅是数值的罗列，而这就是机器语言的代码（这里用十六进制数表示）。

代码清单 1-2　机器语言的程序示例

```
C7 45 FC 01 00 00 00 C7 45 F8 02 00 00 00 8B 45
F8 50 8B 4D FC 51 E8 82 FF FF FF 83 C4 08 89 45
F4 8B 55 F4 52 68 1C 30 42 00 E8 B9 03 00 00 83
```

　　请任意从代码清单 1-2 中选择一个数值。这个数值代表什么呢？是表示赋值或加法等指令的种类呢，还是表示作为指令操作对象的数据呢？或许第一个数值 C7 表示指令，第二个数值 45 表示数据。在诸位所使用的 Windows 个人计算机中，应该会有若干个以 .exe 为扩展名的可执行程序文件。无论是哪个程序，其内容都是数值的罗列，每个数值要么是指令，要么是数据。

1.4　对计算机来说一切都是数字

　　从计算机的三大原则的最后一条可以看出，计算机有计算机的处理方式。计算机本身只不过是为我们处理特定工作的机器。如果计算机能主动干活，那么我一定会购买几百台，让它们先替自己完成一整年的工作。但是，并没有这种会自己挣钱的计算机，计算机终究只是受人支配的工具。

　　人们使用计算机的目的就是为了提高传统手工业务的效率。例如，文字处理软件可以提高编写文档的效率；电子邮件可以提高邮件寄送的效率。总之，作为可以提高工作效率的工具，计算机可以直接处理某些原本靠手工完成的工作。不过也有很多手工业务无法直接交由计算机处理。在用计算机替代手工业务的过程中，要想顺应计算机的处理方法，有时就不得不违背人们的思维习惯。请诸位特别留心这一点。

用数字表示所有信息是一个很典型的计算机式的处理方法，这一点也正是和人类的思维习惯最不一样的地方。例如，人们会用诸如"蓝色""红色"之类的词语描述颜色。可是换作计算机的话，就不得不用数字表示颜色信息。例如，计算机会用 0,0,255 表示蓝色，用 255,0,0 表示红色，用 255,0,255 表示由蓝色和红色混合而成的紫色。不光是颜色，计算机对文字的处理也是如此。计算机内部会先把文字转换成相应的数字再做处理，这样的数字叫作"字符编码"。总之计算机会用数字来表示一切。

熟悉计算机的人经常会说出一些令人费解的话，比如"在这里打开文件，获得文件句柄""把用公钥加密后的文件用私钥解密"。那么，他们所说的"文件句柄"是什么呢？——是数字。"公钥"是什么呢？——是数字。"私钥"呢？——当然还是数字。无论是什么形式的信息，只要把它们都当成数字，计算机就可以处理。虽然这有些违背人们的思维习惯，但是处理数字对计算机来说非常简单。

下面我就讲一件自己年轻时的糗事吧。有一次在与老程序员探讨问题时，我问他："用某某程序处理的某某数据，在计算机内部也是用数字表示的吧？"老程序员听后，差点儿惊掉下巴，回了一句："这不是明摆着吗！"

1.5　为了贴近人类，计算机在不断进化

围绕着计算机的技术正在以狂奔般的速度不断进化，与其说是日

新月异，倒不如说是"秒新分异"。虽然也许有人会觉得眼前的已经够用了，希望能停留在现有的技术水平上，但是计算机的进化是不会停止的，因为计算机还远远没有达到完善的地步。

计算机进化的目的在很大程度上是为了与人类更加相近。要想贴近人类，就必须从计算机的处理方式中摒弃不符合人们思维习惯的部分。请对照"计算机有计算机的处理方式"这条原则来记忆这个结论。

举例来说，为了便于操作软件，键盘这种不好用的输入设备进化成了方便好用的触摸板。平面的 2D（二维）游戏进化成了立体的 3D（三维）游戏。无论是硬件还是软件，进化都是为了使计算机的操作方式更加贴近人类。

这样发展下去的话，也许计算机进化的最终形态就是有着与人类一样的外表，可以使用人类语言的机器人。例如在 1985 年茨城县筑波市举办的筑波世博会上，就展示过一台用 CCD 照相机识别乐谱并弹奏钢琴的机器人。也许有人会觉得："数码音乐之类的用个人计算机不是也能完成吗？"但是这个发明的意义在于机器人能像人类一样做事了。二三十年前，本田公司开发出的两足步行机器人也曾是热议的话题。也许又有人会觉得："为什么非要特地用两只脚行走呢，装上轮子能动起来不也一样吗？"但是这个发明的意义同样在于机器人能像人类一样做事了。有乐谱和钢琴就能演奏，人能走的道路或台阶它也能走，无疑这样的机器人才能更加方便地应用于人类社会。

如果与二十几年前相比，那么诸位身边的个人计算机也在逐渐贴近人类。20 世纪 80 年代中期盛行的个人计算机操作系统是采用了字符用户界面（CUI，Character User Interface）的 MS-DOS，其操作方法是面对全黑的画面，通过输入字符把命令下达给计算机。进入 90 年代后，MS-DOS 进化成了带有图形用户界面（GUI，Graphical User Interface）的 Windows，用户可以在图形界面上通过鼠标的操作直观地下达命令（参见图 1-3）。

字符用户界面（CUI）

进化成了图形用户界面（GUI）

图 1-3 个人计算机的操作系统也在向更贴近人类的方向进化

开发 Windows 的美国微软公司曾将目标锁定在用户体验（user experience）上，旨在开发出超过当时的 Windows、更加贴近人类的用户界面（计算机的操作方法）。当时的 Windows XP 和 Office XP 末尾的

XP 代表的就是 experience（体验）。那时人们还在想，如果 Windows 能像这样不断进化下去，那么早晚会有一天，面向个人计算机的语音输入和手写输入等技术将变得极为普及。然而这一天已经到来了，这当然也是因为计算机还在不断进化。

诸位当中应该也有不少人对编程感兴趣吧。编程方法也在进化，进化的成果是诞生了两种编程方法，即面向组件编程（CBP，Component Based Programming）和面向对象编程（OOP，Object Oriented Programming）。两者的目标一致，都是使程序员可以在编程中继续沿用人类创造事物时的方法。面向组件编程是通过将组件（程序的零件）组装到一起完成程序；面向对象编程则是先如实地对现实世界的业务建模，之后再把模型搬到程序中。使用符合人类思维习惯的编程方法，可以提升开发效率。

但是，偏偏有一类程序员，他们对面向组件编程敬而远之，明明有各种各样现成的组件可供使用，却要自己亲手去实现各种功能，仿佛不这样编程就不舒心。还有一类程序员误认为面向对象编程难以理解。像这样的程序员人数还不少，特别是在昔日的计算机发烧友当中。总之，就是因为他们太习惯于配合计算机的处理方式了，所以反倒认为计算机贴近人类这一发展趋势是在添乱。

我认为，无论是刚入行的技术人员，还是有资历的老工程师，都应该由衷地欢迎技术的进化，坦率地接受新技术。如果是用祖传技艺制作出来的传统手工艺品，那么也许还有价值，但是没有人会对那些靠一成不变的方法编写出来的程序感兴趣。

1.6　预习一下第 2 章

作为第 2 章的预习，本章最后再简单介绍一下计算机（特别是个人计算机）硬件的组成要素。这里不会讲得太深入，主要是理解图 1-4 中的要点。如图所示，计算机内部主要由称作集成电路的元件组成。虽然在集成电路家族当中有功能各异的各种集成电路，但诸位只需记住其中的 3 种，即 CPU（处理器）、内存以及 I/O。

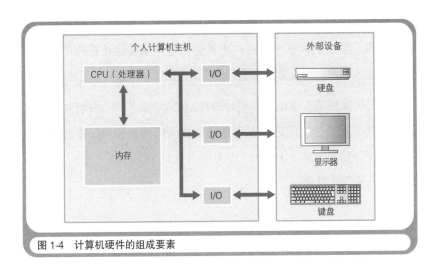

图 1-4　计算机硬件的组成要素

　　CPU 是计算机的大脑，负责解释和执行程序、在内部进行运算以及控制内存和 I/O。内存用于存储指令和数据。I/O 负责把硬盘、显示器、键盘等外部设备和主机连接在一起，实现数据的输入与输出。

　　诸位使用的 Windows 个人计算机中普遍只装有一枚 CPU。根据需要，会装有多条内存，总容量一般为 4 GB～8 GB。根据外部设备的种类和数量也会装配多个 I/O。

　　只要用电路把 CPU、内存以及 I/O 上的引脚相互连接起来，并为每块集成电路提供电源，再为 CPU 提供时钟信号，硬件层面上的计算机就组装起来了。非常简单吧！所谓时钟信号，就是由内含晶体振荡器的时钟发生器元件发出的嘀嗒嘀嗒的电信号。主流 CPU 使用的时钟信号多在 3 GHz 和 4 GHz 之间。

☆　　　☆　　　☆

诸位辛苦了，至此第 1 章就结束了。想必诸位已经理解计算机的三大原则以及计算机不断进化的原因了吧。因为这些知识真的非常重要，所以如果第一遍没有读懂，就请再反复多读几遍。也可以叫上公司的同事、学校的同学一起讨论本章的内容。如果能让有资历的老工程师也加入讨论，那么效果会更加显著。

在接下来的第 2 章中，我们将尝试动手"制作"一台计算机。说是制作，其实就是通过用彩笔在电路图中描画电路来模拟制作过程。乍一听也许会觉得无从下手，可一旦真正开始动手"连接"元件，诸位就会发现其实并不复杂。

第**2**章
制作一台计算机

热身问答

在阅读本章内容前，让我们先回答下面的几个问题来热热身吧。

初级问题
CPU 的全称是什么？

中级问题
Hz 是什么单位？

高级问题
具有 16 条地址线的 CPU 可访问的内存地址范围是多少？

怎么样？被这么一问，是不是发现有一些问题无法简单地解释清楚呢？下面我来公布答案并进行解释。

答案

初级问题：CPU 的全称是 Central Processing Unit（中央处理器）。

中级问题：Hz（赫兹）是频率的单位。

高级问题：具有 16 条地址线的 CPU 可访问的内存地址范围用二进制数表示是 0000000000000000 ～ 1111111111111111，用十进制数表示是 0 ～ 65535。

解释

初级问题：CPU 是计算机的大脑，负责解释、执行程序。CPU 有时也称作"处理器"。

中级问题：Hz 是驱动 CPU 运转的时钟信号频率的单位。因为 1 秒发出 1 次时钟信号是 1 Hz，所以 3 GHz（吉赫兹，即千兆赫兹）就是每秒发出 3 × 10 亿 = 30 亿次时钟信号。G（吉）代表 10 亿。

高级问题：CPU 使用地址总线来指定内存和 I/O 中存储单元的地址。每一条地址线都能传输 1 比特（1 个二进制数）数据，因此 16 条地址线可以指定的地址范围用二进制数表示是 0000000000000000 ～ 1111111111111111，用十进制数表示是 0 ～ 65535。

本章要点

要想彻底掌握计算机的工作原理，最好的方法就是制作一台计算机。可是为此搜集元件既耗费时间又浪费金钱，所以本章打算"在纸上"制作一台计算机。诸位只需准备像图 2-1 那样的一张电路图和一支彩笔。在将电路图复印下来后，诸位可以跟随我的讲解，一边想象在元件之间传输的数据和控制信号的作用，一边用彩笔描画电路（连接元件的导线），以此来代替实际的接线。当所有的电路都描画完时，计算机就制作出来了。

虽然只是描了描线，但是同样能学到很多知识，甚至可以说不费吹灰之力就能了解计算机的工作原理。这样不仅能消除对硬件的恐惧，还可以拉近我们与计算机的距离。请诸位一定要借此机会制作一台"计算机"。

2.1　计算机的组成元件

本章中，我们制作的"计算机"叫作 COMET Ⅱ。COMET Ⅱ 是日本基础信息技术工程师考试中使用的计算机模型。别看只是模型，COMET Ⅱ 的工作原理与真实的计算机没有太大差别，是我们了解计算机的一份很好的学习材料。

计算机模型的电路图如图 2-1 所示。这张电路图是我参考 COMET Ⅱ 的规格自己绘制的。计算机模型所需的元件包括 CPU、内存、I/O 和时钟发生器。除了这些主要元件，真实的计算机还需要电阻、电容等元件，我们暂且忽略它们。

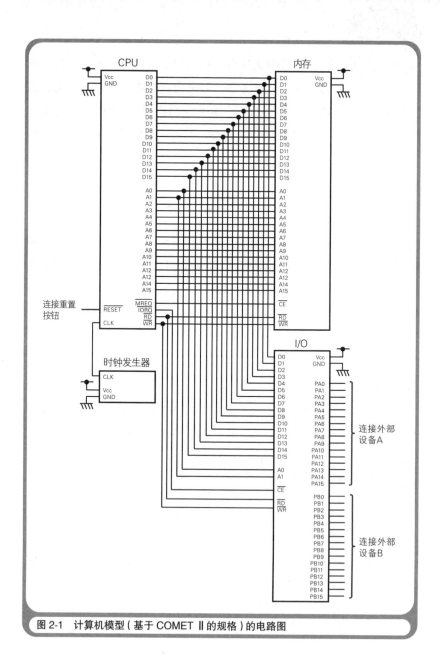

图 2-1 计算机模型（基于 COMET II 的规格）的电路图

CPU 是计算机的大脑，负责解释和执行程序。内存负责存储构成程序的指令和数据。I/O 是 Input/Output（输入／输出）的缩写，负责连接计算机主机和外部设备。CPU、内存和 I/O 都是集成电路。

CPU 的运转离不开称为"时钟信号"的电信号。这种电信号就好像带有一个时钟，嘀嗒嘀嗒地每隔一定时间就变换一次电压的高低（参见图 2-2）。产生时钟信号的元件叫作"时钟发生器"。时钟发生器中带有晶体振荡器，其能够产生特定频率（振动次数）的时钟信号。时钟信号的频率可以衡量 CPU 的运转速度。Hz 是时钟信号频率的单位。例如，3 GHz 的时钟信号就相当于每秒发出 30 亿次嘀嗒声。

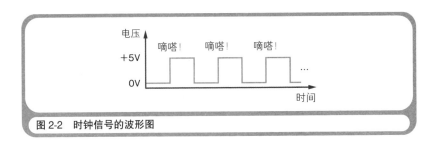

图 2-2　时钟信号的波形图

2.2　CPU、内存和 I/O 内部的存储单元

CPU、内存和 I/O 这些集成电路的内部集成了大量的晶体管。不过，如果忽略具体的内部构造，从使用者（集成电路的布线工程师或程序员）的角度来看，那么这些集成电路的内部就是一个个存储单元。

CPU 在解释、执行程序以及处理数据时会用到其内部的存储单元。内存中的存储单元用于存储构成程序的指令和数据。I/O 中的存储单元则用于存储在计算机主机与键盘、显示器等外部设备之间传输的数据。

存储单元的规格取决于 CPU、内存和 I/O 的类型。

COMET Ⅱ 的 CPU 的内部结构如图 2-3 所示。CPU 内部的存储单元称为"寄存器",寄存器之间用 GR0、GR1 等名字加以区分。"比特"是衡量存储容量的单位,1 比特能够存储 1 个二进制数。GR0～GR7 这 8 个寄存器是可参与所有运算的通用寄存器(general register),存储容量均为 16 比特。也就是说,它们都能用于处理 16 比特的数据。16 比特的数据是由 16 个二进制数构成的,可表示的数值范围是 0000000000 000000～1111111111111111。16 位 CPU 意思就是能一次性处理 16 比特数据的 CPU。其他寄存器的作用将在第 3 章进行解释。

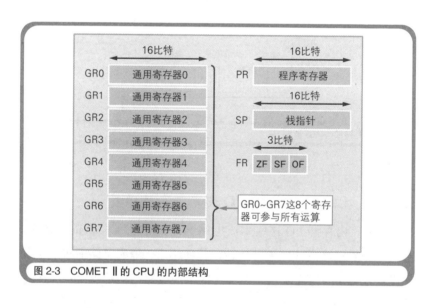

图 2-3　COMET Ⅱ 的 CPU 的内部结构

COMET Ⅱ 的内存的内部结构如图 2-4 所示。内存中存储单元的容量为 16 比特,每个存储单元都有一个唯一的编号,这个编号叫作"地址"(address)。COMET Ⅱ 的内存总共有 65 536 个存储单元,每个存储单元都对应一个 0～65535 的地址。因为第一个存储单元的地址是 0

而不是 1，所以最后一个存储单元的地址是 65535 而不是 65536。虽然
0～65535 这个地址范围有零有整看起来不够整齐，但如果改用计算机
内部使用的二进制数来表示，则刚好是 0000000000000000～1111111111
111111，而这正是 16 比特所能表示的数值范围。对 COMET Ⅱ 的内存
来说，无论是存储单元的容量还是用于识别存储单元的地址均为 16 比
特（16 个二进制数）。

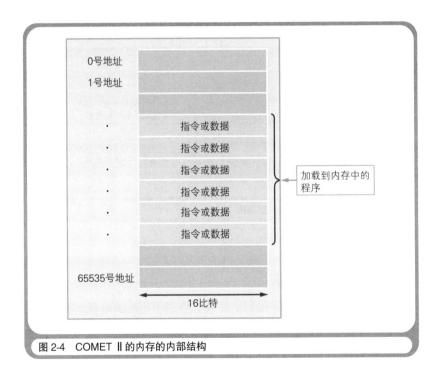

图 2-4　COMET Ⅱ 的内存的内部结构

　　COMET Ⅱ 的 I/O 的内部结构如图 2-5 所示[①]。I/O 中存储单元的容
量也是 16 比特，存储单元之间同样用地址加以区分，地址范围为 0～3

① 鉴于 COMET Ⅱ 规范中没有 I/O 的内容，这里暂且对照着实际 I/O 的内部
　结构讲解。

（用二进制数表示是 00~11）。图中的 I/O 最多能够连接两台外部设备——外部设备 A 和外部设备 B。"端口"是用于连接外部设备和计算机主机的部件。端口 A 和端口 B 分别用于主机与外部设备 A 和外部设备 B 的连接。"端口 A 控制"这个存储单元用于存储配置信息，该配置信息表明与端口 A 相连的是输入设备还是输出设备。"端口 A 数据"这个存储单元则用于存储在端口 A 与外部设备 A 之间传输的数据。"端口 B 控制"和"端口 B 数据"的作用与此类似。

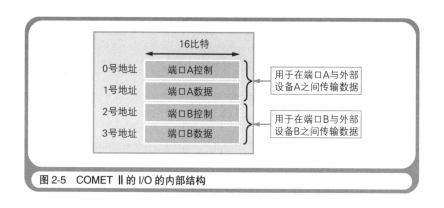

图 2-5　COMET Ⅱ 的 I/O 的内部结构

2.3　电路图的读法

在开始"连接"元件（用彩笔描画电路图中相应的电路）之前，先来介绍一下电路图的读法。在电路图中，CPU、内存、I/O 和时钟发生器都用矩形表示。真实元件的引脚[①]排列在元件的四周或背面，但在电路图中，引脚可以放置在矩形两侧的任意位置上。不与真实元件的引脚布局保持一致是为了简化引脚间的电路。每个引脚都有一个表示其作用的代号，比如 A0、D0 等。

---

① 所谓"引脚"，就是 IC 边缘露出的像蜈蚣腿一样的部分。——译者注

电路中的每根导线都可以传输 1 比特的二进制数。低电压时传输的是 0，高电压时传输的是 1。集成电路的类型决定了我们分别采用什么样的电压表示 0 和 1。图 2-1 的电路图分别使用了 0V（伏特）和 +5V 来传输 0 和 1。电路图中之所以有大量表示导线的连线，是因为不仅传输 16 比特的数据需要 16 根导线，传输 16 比特的地址也需要 16 根导线。

导线交叉处的黑点表明导线于此处相连，如果只是交叉但没有黑点则表明不相连（可类比于立体交叉，参见图 2-6）。虽然可以通过绕行导线来避免交叉，但这种表示未相连的画法会导致电路过于复杂。

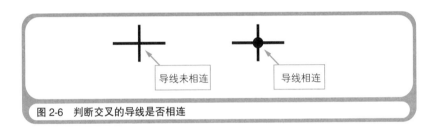

导线未相连   导线相连

图 2-6　判断交叉的导线是否相连

2.4　连接电源电路

下面我们开始描画计算机模型的电路图。请跟随我的讲解用彩笔在电路图中描画相应的电路，以此来模拟实际的接线工作。可以边描画边留意引脚之间传输的数据和控制信号的作用。

这里我们先为 CPU、内存、I/O 和时钟发生器接通电源。由于它们都是独立运转的元件，因此需要单独供电。我们使用的是 0V 和 +5V 的直流电源。电源的符号如图 2-7 所示，电路图中省略了与实际电源装置（供电装置）之间的电路。我们先将 +5V 电源连接到每个元件的 Vcc（Voltage common collector[①]）引脚上，再将 0V 电源连接到 GND（ground）引脚上。用彩笔描画出的电源电路如图 2-8 所示。我们可以边描边想：这样接线后，电源就接通了。

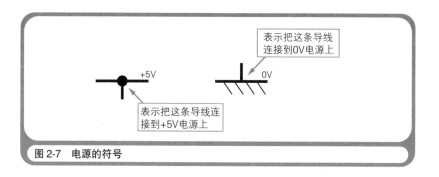

图 2-7　电源的符号

◎ 2.5　连接数据总线

下面我们开始描画 CPU 和内存之间以及 CPU 和 I/O 之间的数据传输电路。既然计算机的大脑是 CPU，那么我们就以 CPU 为中心开始描画。先找到 CPU 上 D0～D15 这 16 个数据引脚，这里的"D"代表数据（Data）。然后用彩笔描画出 CPU 的 D0～D15 引脚和内存的 D0～D15 引脚间的电路，这样 CPU 和内存之间就可以传输 16 比特的数据了。

这 16 条导线的中间都有一个黑点，由此出发的另一条电路又与 I/O 的 D0～D15 引脚相连。我们继续用彩笔描画这 16 条导线。现在 CPU 和 I/O 之间也可以传输 16 比特的数据了。

---

① Vcc 表示 TTL（Transistor Transistor Logic，晶体管－晶体管逻辑）的集成电路的电源。本书第 1 版提供了采用实际的集成电路制作计算机的电路图，其中使用的是 Vcc，因此这里继续沿用这个符号。

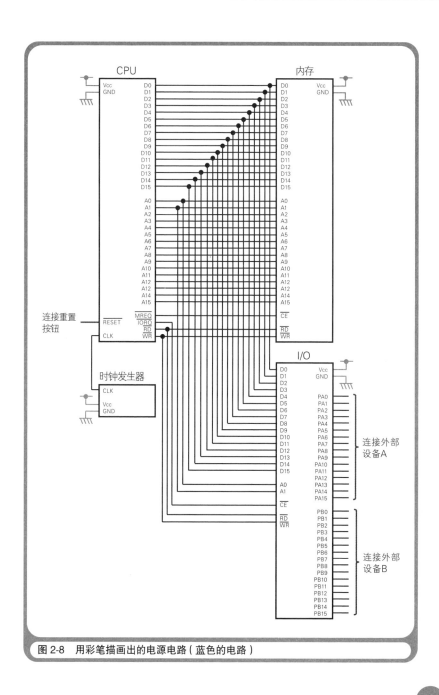

图 2-8　用彩笔描画出的电源电路（蓝色的电路）

用于传输数据的电路称为"数据总线",用彩笔描画出的数据总线如图 2-9 所示。我们可以边描边想:连接好数据总线后,CPU 和内存之间以及 CPU 和 I/O 之间就可以传输 16 比特的数据了。

2.6 连接地址总线

本以为把数据总线连接好了,CPU 就能与内存或 I/O 传输数据了,但其实并不是这样。这是因为内存里面有 65 536 个存储单元,而 I/O 里面有 4 个存储单元,如果不指明存储单元的地址,那么 CPU 就不知道要与哪个存储单元传输数据。

所以还要连接地址总线。首先找到 CPU 上 A0～A15 这 16 个地址引脚,这里的 "A" 代表地址(Address)。CPU 正是使用这 16 个引脚来指定 0000000000000000～1111111111111111 的地址的。然后用彩笔描画出 CPU 的 A0～A15 引脚和内存的 A0～A15 引脚间的电路。这样 CPU 就可以告知内存要与哪个地址上的存储单元传输数据了。

A0 引脚间的导线和 A1 引脚间的导线中间各有一个黑点,由此出发的另一条电路与 I/O 的 A0 引脚和 A1 引脚相连。CPU 将使用这两个引脚指定 I/O 上 00～11 的地址。我们继续用彩笔描画这两条导线。这样 CPU 就又能告知 I/O 要与哪个地址上的存储单元传输数据了。

用于将地址告知内存或 I/O 的电路称为"地址总线"。用彩笔描画出的地址总线如图 2-10 所示。在描画地址总线时,我们可以边描边想:连接好地址总线后,CPU 就可以将 16 比特的地址告知内存,将 2 比特的地址告知 I/O 了。

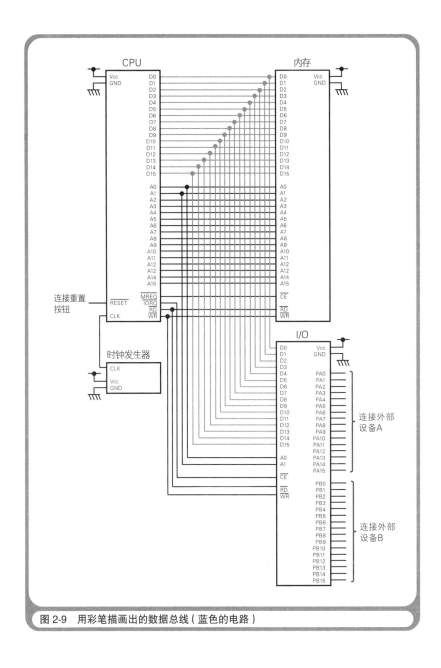

图 2-9 用彩笔描画出的数据总线（蓝色的电路）

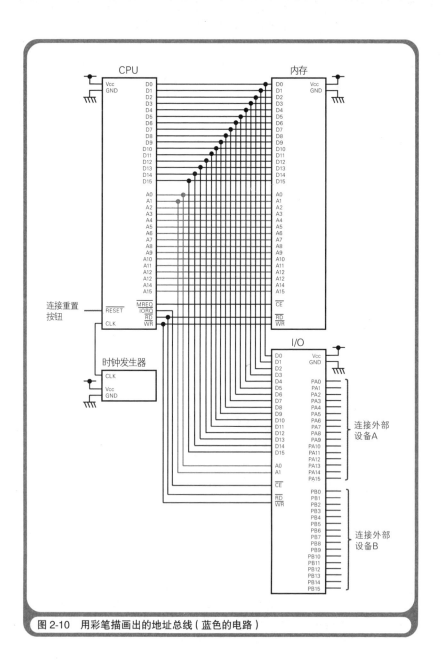

图 2-10 用彩笔描画出的地址总线（蓝色的电路）

2.7 连接控制总线

即使数据总线和地址总线都连接好了，CPU 也无法与内存或 I/O 传输数据。这是因为 CPU 的数据引脚通过数据总线既与内存相连，又与 I/O 相连，而地址引脚也是类似的情况。所以 CPU 既无法区分操作对象是内存还是 I/O，也无法区分是要从内存或 I/O 读取数据还是要向其中写入数据。

好在 CPU 上还有 $\overline{\text{MREQ}}$、$\overline{\text{IORQ}}$、$\overline{\text{RD}}$ 和 $\overline{\text{WR}}$ 这 4 个引脚可以用来区分操作对象和读写操作。$\overline{\text{MREQ}}$（Memory Request）表示操作对象是内存，$\overline{\text{IORQ}}$（I/O Request）表示操作对象是 I/O。$\overline{\text{RD}}$（Read）表示读取数据，$\overline{\text{WR}}$（Write）表示写入数据。

在电路图中，$\overline{\text{MREQ}}$、$\overline{\text{IORQ}}$、$\overline{\text{RD}}$ 和 $\overline{\text{WR}}$ 的上方都有一条横线。这条横线表示"负逻辑"（negative logic）。改变引脚上平时的电压是集成电路间用电信号传递控制信号的手段。平时保持低电压，当需要向其他集成电路传递控制信号时提升电压的手段称为"正逻辑"（positive logic）。反之，负逻辑是指平时保持高电压，当需要传递控制信号时降低电压的手段。$\overline{\text{MREQ}}$、$\overline{\text{IORQ}}$、$\overline{\text{RD}}$ 和 $\overline{\text{WR}}$ 均采用负逻辑，因此这些引脚上的电压通常为 +5V，在需要传递相应的控制信号时，电压会降为 0V。

下面我们先描画 CPU 的 $\overline{\text{MREQ}}$ 引脚和内存的 $\overline{\text{CE}}$ 引脚之间的电路，以及 CPU 的 $\overline{\text{IORQ}}$ 引脚和 I/O 的 $\overline{\text{CE}}$ 引脚之间的电路。CE 是 Chip Enable（芯片使能）的缩写，表示是否启用集成电路的功能，这里的 Chip 指的就是集成电路。$\overline{\text{CE}}$ 上方也有一条横线，这说明 $\overline{\text{CE}}$ 引脚也采用了负逻辑。因此，无论是内存还是 I/O，只有当从 CPU 传输到其 $\overline{\text{CE}}$ 引脚的电信号的电压降为 0V 时，其才能发挥作用，才能使用数据总线和地址总线传输数据。$\overline{RD}$ 引脚和 $\overline{WR}$ 引脚则用于区分 CPU 是要从内存或 I/O 读取数据还是要向其中写入数据。接下来，我们继续描画 CPU 的这两个引脚与内存和 I/O 上同名引脚之间的电路。$\overline{RD}$ 引脚和 $\overline{WR}$ 引脚同样采用了负逻辑。表 2-1 总结了 CPU 传递的控制信号与 $\overline{MREQ}$、$\overline{IORQ}$、$\overline{RD}$ 和 $\overline{WR}$ 这 4 个引脚状态的对应关系，其中二进制数 1 表示高电压状态，二进制数 0 表示低电压状态。

表 2-1　CPU 传递的控制信号与 $\overline{MREQ}$、$\overline{IORQ}$、$\overline{RD}$ 和 $\overline{WR}$ 这 4 个引脚的状态

CPU 传递的控制信号	$\overline{MREQ}$	$\overline{IORQ}$	$\overline{RD}$	$\overline{WR}$
从内存读取数据	0	1	0	1
向内存写入数据	0	1	1	0
从 I/O 读取数据	1	0	0	1
向 I/O 写入数据	1	0	1	0

※ 电压的高低分别用二进制数 1 和 0 表示。

用于传递 CPU 的控制信号与 $\overline{MREQ}$、$\overline{IORQ}$、$\overline{RD}$ 和 $\overline{WR}$ 这 4 个引脚相连的电路称为"控制总线"。用彩笔描画出的控制总线如图 2-11 所示。我们可以边描边想：这样一来 CPU 就能区分操作对象是内存还是 I/O，是从内存或 I/O 读取数据还是向其中写入数据了。

2.8　连接剩余的电路

最后，我们来描画剩余的电路。时钟发生器的 CLK（Clock，时钟）引脚会输出时钟信号，请将其连接到 CPU 的 CLK 引脚上。CPU 的 $\overline{RESET}$（重置）引脚采用了负逻辑，平时会保持高电压，当电压降为 0V 时，CPU 会被重置，回到初始状态。此后，CPU 将重新从 0 号地址[①] 开始解释、执行存储在内存中的程序。$\overline{RESET}$ 引脚需要与重置按

① 也有些 CPU 会从 0 号地址以外的内存地址开始解释、执行程序。

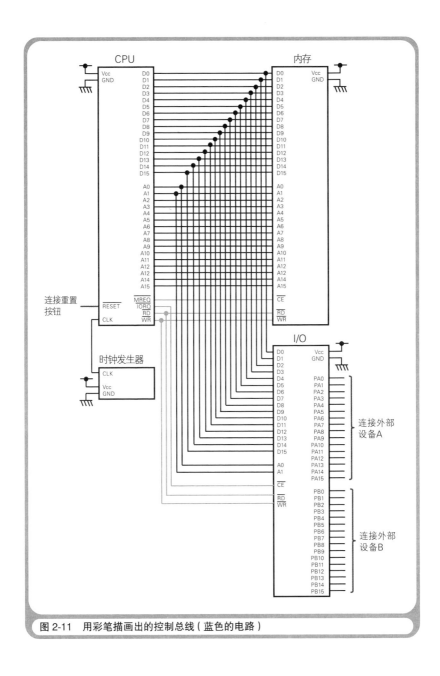

图 2-11　用彩笔描画出的控制总线（蓝色的电路）

钮相连。虽然电路图中没有画出重置按钮，但我们不妨假设重置按钮上平时是高电压，在被按下时会变为低电压。

I/O 的 PA0～PA15（PA 是 Port A 即"端口 A"的缩写）引脚用于连接外部设备 A。虽然电路图中没有画出具体的外部设备，但如果外部设备 A 是键盘、鼠标等输入设备，那么通过这 16 个引脚上的电路就可以向 I/O 的端口 A 输入数据。同样，I/O 的 PB0～PB15（PB 是 Port B 即"端口 B"的缩写）引脚用于连接外部设备 B。如果外部设备 B 是显示器、打印机等输出设备，那么 I/O 的端口 B 通过这 16 个引脚上的电路就可以将数据输出到外部设备 B。一个 I/O 最多可以连接两台能够传输 16 比特数据的外部设备。如果想连接更多的外部设备，则需要增加 I/O 的数量。

用彩笔描画出的最后一部分电路如图 2-12 所示。请诸位一边描画一边确认各电路的作用。

2.9　大功告成

接线工作终于结束了。刚看到电路图的时候，你也许会觉得无从下手，可一旦真正开始通过描画电路来连接元件，你就会发现其实并不复杂。计算机模型的电路图中的主要电路其实就是 CPU 和内存之间以及 CPU 和 I/O 之间的电路，存储在 CPU、内存和 I/O 中的数据正是通过这些电路在这三者之间传输的。除了主要电路，还有连接电源、时钟发生器、重置按钮以及外部设备的电路。CPU、内存、I/O 和时钟发生器都是独立运转的元件，如果没有电路，那么数据和控制信号就无法在其间传输。

也许有的读者会想：如果将 CPU、内存、I/O 和时钟发生器都集成

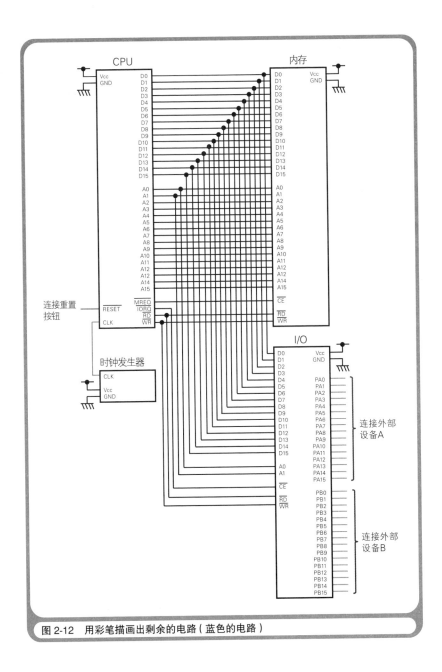

图 2-12　用彩笔描画出剩余的电路（蓝色的电路）

到一片集成电路中，那么就可以省去其间的电路了吧？实际上确实存在这样的计算机，我们将其称作"单片机"。"单片"就是"一片集成电路"的意思。单片机常用于电器行业和汽车行业。而在一般的计算机中，CPU、内存和 I/O 都是独立的集成电路，这样设计的好处是我们可以根据计算机的机型任意选择集成电路，以便日后扩展机能。

☆　　☆　　☆

大多数资深的工程师在年轻时制作过计算机。诸位若将本章展示给他们看，他们也许会说："现在还有人玩这个？"不过不管怎么说，对计算机的理解程度还是和有没有制作过计算机有很大关系的。

我也曾制作过计算机，光是收集元件就费了不少劲。可话又说回来，即便只是在纸上"制作"了一台计算机模型，对诸位来说也是非常有益的。想必这一体验会加深诸位对计算机的理解，使诸位越来越喜欢计算机。

在接下来的第 3 章中，我将带领诸位使用一种名为"汇编语言"的编程语言编写一段小程序，以此来将计算机硬件和软件的知识联系起来。

第**3**章
体验汇编语言

在阅读本章内容前，让我们先回答下面的几个问题来热热身吧。

初级问题

什么是机器语言？

中级问题

用于识别内存或 I/O 中存储单元的数字称作什么？

高级问题

CPU 中的标志寄存器（flags register）有什么作用？

怎么样? 被这么一问, 是不是发现有一些问题无法简单地解释清楚呢? 下面我来公布答案并进行解释。

答案 ....

初级问题: 机器语言是 CPU 可以直接解释、执行的, 仅由数字构成的计算机语言。

中级问题: 识别内存或 I/O 中存储单元的数字叫作 "地址"。

高级问题: CPU 中的标志寄存器用于存储指令执行结果的状态。

解释 ....

初级问题: CPU 只能直接解释、执行那些指令和数据完全用数字表示的机器语言。使用汇编语言以及 C、Java、Python 等编程语言编写的程序, 都需要先转换成机器语言的程序才能执行。机器语言有时也叫作 "机器码" 或 "原生代码" (native code)。

中级问题: 内存和 I/O 内部排列着多个数据存储单元。计算机用从 0 开始的序号表示每个存储单元, 这些序号就是地址 (address)。

高级问题: flag 的本意是 "旗子", 这里引申为 "标志"。向 CPU 内部存储数据或对其中的数据进行运算会改变通用寄存器的值, 而标志寄存器中存储的是指令执行结果的状态, 比如运算结果是否为 0、是否产生了负数、是否有溢出 (overflow) 等。

本章要点

本章的学习目标只有一个——了解在执行"计算1+2"这个程序时计算机内部都发生了什么。我将带领诸位使用"汇编语言"这种编程语言来编写这个程序，并会借助一款名为 SASM 的软件来剖析程序的运行情况。

通过本章的学习，我们不仅能把硬件和软件的知识联系起来，也能对计算机的理解更加深入。读完本章，诸位一定会获得"我终于知道计算机是怎样跑起来的"的喜悦。

3.1 高级语言和低级语言

在本章中，我们将编写一个"计算 1+2"的程序。程序并不复杂，其实不过是用编程语言书写的文档，文档中的内容是一系列让计算机进行某种操作的语句。我们书写语句时所遵循的语法取决于编程语言的类型。世界上的编程语言有很多种，其大致可以分为低级语言和高级语言两大类。

使用低级语言书写的语句一般称为"指令"，这样的指令能够直接操作计算机的硬件，这里的"低级"意味着十分接近计算机的硬件。低级语言包括机器语言和汇编语言。机器语言是唯一一种可以被 CPU 直接解释、执行的语言，在机器语言中，所有指令和数据都要用二进制数表示。由于使用机器语言进行编程很不方便，因此人们发明了汇编语言。汇编语言使用能代表指令用途的英语单词的缩写来表示指令，这样程序员就不用再记忆指令对应的数字了。

不过，用汇编语言编写的程序只有在转换成机器语言的程序后才能由 CPU 解释、执行。汇编语言的指令和机器语言的指令是一一对应的（参见图 3-1）。因此，用汇编语言编程就等同于用机器语言编程，同样能够直接操作计算机的硬件。

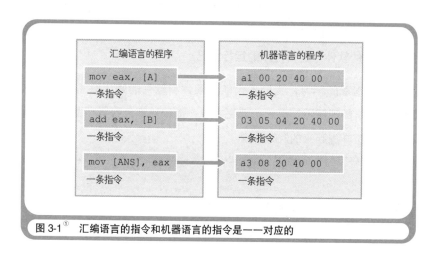

汇编语言的程序	机器语言的程序
mov eax, [A] 一条指令	a1 00 20 40 00 一条指令
add eax, [B] 一条指令	03 05 04 20 40 00 一条指令
mov [ANS], eax 一条指令	a3 08 20 40 00 一条指令

图 3-1[①]　汇编语言的指令和机器语言的指令是一一对应的

与低级语言相对的是高级语言。虽然高级语言无法直接操作计算机的硬件，但高级语言允许程序员使用接近英文短语或数学算式的语句来编写程序。这里的"高级"意味着远离计算机的硬件。高级语言包括 C、Java、Python 等。用高级语言编写的程序同样需要先转换成机器语言的程序才能解释、执行。这是因为机器语言是 CPU 唯一可以解释、执行的语言。一条高级语言的语句通常会对应多条机器语言的指令，比如像 ans = a + b 这样一条算式形式的语句就对应了 3 条机器语言的指令（参见图 3-2）。

在软件开发领域，程序员普遍使用高级语言编程。这是因为使用高级语言编写的程序代码更精简，编程效率也更高。低级语言则主要用于需要直接操作计算机硬件的领域（特别是微型计算机控制领域）。

①　为了便于阅读，图中机器语言的指令用十六进制数表示。——译者注

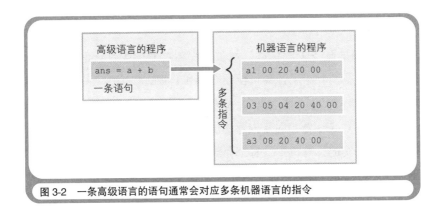

图 3-2 一条高级语言的语句通常会对应多条机器语言的指令

之所以要在本章带领诸位体验汇编语言这种低级语言，是因为使用高级语言编程时我们无法体会到程序是如何对计算机硬件进行操作的。例如，仅用 ans = a + b 这条算式形式的语句的确可以编写出计算两数之和的程序，但如果这样做，则代码中既没有出现 CPU 的寄存器，也没有出现内存中的存储单元，更没有出现 I/O。如果使用汇编语言来编写这个程序，则需要直接操作计算机的硬件。只有当用汇编语言编写的计算两数之和的程序转换为机器语言的程序并开始运行后，我们才更容易看清计算机内部都发生了什么。

3.2 用汇编语言编程时需要了解的硬件知识

汇编语言属于低级语言，使用汇编语言编程时必须了解一些硬件知识，比如 CPU 内部的寄存器、内存的地址范围、I/O 的地址范围以及与 I/O 相连的外部设备。不过请不要担心，我并不会在本章中全面介绍硬件知识，只是希望通过"计算 1+2"这样一个十分简单的程序带诸位体验一下汇编语言。对于这个程序，我们只需了解一些有关 CPU 的寄存器和内存存储单元的知识即可。虽然这个程序最后会在屏幕上输出计算结果，但这是通过调用预设的指令（称作"宏"）实现的，并没有直接操作 I/O，因此可以先不管 I/O。

CPU 内部有多个寄存器，每个寄存器都有一个唯一的名字。在第 2 章中，我们介绍了计算机模型 COMET Ⅱ 的 CPU，其中的寄存器的名字是 GR0、GR1 等。而在个人计算机常用的 Intel CPU 中，寄存器的名字是 eax、ecx 等。对于内存中的存储单元，无论是在计算机模型中还是在真实的计算机中，每个存储单元都有一个唯一的地址，存储单元之间通过地址加以区分。内存地址多用十六进制数表示。

3.3　Intel CPU 的寄存器

下面我们来看一看 Intel CPU 内部的寄存器的种类和作用。Intel CPU 的寄存器要比 COMET Ⅱ CPU 的寄存器多出不少（参见图 3-3），不过本

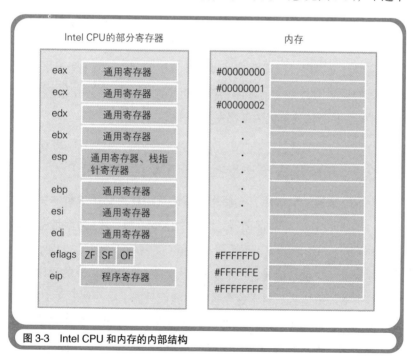

图 3-3　Intel CPU 和内存的内部结构

章只会介绍其中的一部分。首先是 eax、ecx、edx、ebx、esp、ebp、esi 和 edi 这 8 个通用寄存器（相当于 COMET Ⅱ CPU 中的 GR0～GR7 这 8 个通用寄存器）。顾名思义，通用寄存器就是可用于任何目的的寄存器，我们可以使用这些寄存器来执行运算，进而实现程序的功能。

eflags 寄存器也叫 "标志寄存器"（相当于 COMET Ⅱ CPU 中的 FR 寄存器），其能够反映出指令执行后，作为运算结果的数据的状态。eflags 中的 flags 是 "旗子" 的意思，我们可以把 "状态的有无" 想象成 "旗子的升降"。eflags 是一个 32 比特的寄存器，可表示方方面面的状态，多数状态只需要用 1 比特（1 个二进制数）表示。比特的值为 1 相当于旗子已升起，表示处于某种状态；比特的值为 0 相当于旗子已降下，表示未处于某种状态。

eflags 寄存器中的多数比特有一个缩写的名字，比如 ZF、SF、OF 等。ZF（Zero Flag，零标志）为 1 时表示作为计算结果的数值为 0；SF（Sign Flag，符号标志）为 1 时表示数据是负数；OF（Overflow Flag，溢出标志）为 1 时表示数据溢出（数据无法容纳在容量为 32 比特的寄存器中），如图 3-4 所示。这些标志的改变会影响程序的后续流程。不过 "计算 1+2" 的程序中没有用到 eflags 寄存器。

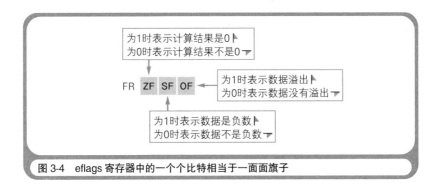

图 3-4　eflags 寄存器中的一个个比特相当于一面面旗子

eip 寄存器（相当于 COMET Ⅱ CPU 中的 PR 寄存器）中存储的是正在执行的指令的地址。每执行完一条指令，eip 寄存器的值都会自动更新为下一条指令的地址。在本章后续的内容中，我们将借助 SASM 的调试功能详细说明这一点。

最后再来看一看 esp 这个较为特殊的通用寄存器。esp 寄存器（相当于 COMET Ⅱ CPU 中的 SP 寄存器）也叫"栈指针寄存器"，其存储的是内存中栈空间的起始地址。栈空间中临时存储了 CPU 将要使用的数据。之所以称为"栈"，是因为这块空间采用了"栈"这种后进先出的数据结构[①]。

3.4　汇编语言的语法只有一条

用汇编语言编程时需要了解的硬件知识先介绍到这里。下面我们来看看如何用汇编语言编写"计算 1+2"的程序。这段程序的代码如代码清单 3-1 所示。

代码清单 3-1　"计算 1+2"的程序

```
%include "io.inc"

section .data
    A   dd 1
    B   dd 2
    ANS dd 0

section .text
global main
main:
    mov     eax, [A]
    add     eax, [B]
    mov     [ANS], eax
    PRINT_DEC  4, ANS
```

---

① 第 6 章将介绍"栈"这种数据结构。

汇编语言的代码乍看之下晦涩难懂，实际上并非如此，反倒很简单。这是因为汇编语言的语法基本上只有一条，即"指令 指令的对象"，而且这个语法很像自然语言中的祈使句。这里的"指令"相当于祈使句中的动词，表示要让计算机执行的操作，"指令的对象"则相当于祈使句中动词之后的宾语。与自然语言中的动词一样，指令既可以没有对象，也可以带一个或两个对象。两个指令的对象之间要用逗号分隔，例如，mov eax, [A] 这一行代码中的 mov 是指令，eax 是该指令的第一个对象，[A] 是第二个对象。

在汇编语言中，指令也称作"操作码"（opcode, operation code），即表示操作的代码，指令的对象称作"操作数"（operand）。操作数通常是 CPU 中的寄存器或内存中的存储单元。这一点非常关键，这正是计算机硬件知识和软件知识的交汇点。在第 2 章中，通过描画计算机的电路图，我们了解了数据如何在 CPU、内存和 I/O 这三者中的存储单元之间传输。对存储在 CPU 的寄存器中的数据进行计算、将数据临时存储在内存的存储单元里、将主机与外部设备之间输入 / 输出的数据存储在 I/O 的存储单元里，汇编语言正是用于描述这些操作的编程语言，因此汇编语言中的操作数通常就是这三者中的存储单元（参见图 3-5）。

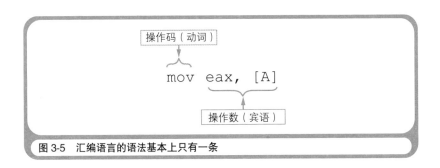

图 3-5　汇编语言的语法基本上只有一条

代码清单 3-1 中的每一行代码都是汇编语言的代码。除了指令本身（操作码）和指令的对象（操作数），一行代码中有时还包括标签（label）和注释（comment）。

标签是程序员为指令或数据赋予的名称，主要用于说明指令或数据的含义。在代码清单 3-1 中，我们放置了一个 main 标签以表示程序执行的起点。此外 A、B 和 ANS 也是标签，分别表示第一个加数、第二个加数和计算结果（answer）。稍后我们将会看到，标签本质上就是内存中存储空间的地址。而为了避免使用由杂乱无章的数字组成的内存地址，程序员往往会使用标签指代存储空间。

注释是程序员为代码添加的文字说明。在汇编语言（本章使用的是名为 NASM[①] 的汇编语言）中，注释要写在分号（；）之后。

3.5　逐行分析"计算 1+2"的代码

下面我们来逐行分析一下代码清单 3-1 中的代码，看看使用汇编语言编写"计算 1+2"的程序都需要哪些步骤。

可以看到，两个空行将这段代码分成了 3 部分。第一部分只有 1 行，%include "io.inc" 表示包含一个名为 io.inc 的文件，这样就可以调用其中的预设指令 PRINT_DEC，向屏幕输出计算结果了。可以将"包含"想象成是把 io.inc 的内容复制并粘贴到这里。

我曾在第 1 章中多次提到"程序是指令和数据的集合"，用汇编语言编写的程序自然也是如此，甚至能更直观地体现出这一点。汇编语言的代码通常会分为几个段（section），各段有各段的内容。最常见的

---

① 汇编语言其实是 NASM、MASM、FASM 等一类计算机语言的统称，本章选用了语法上较为简单的 NASM 汇编语言。——译者注

段是代码段（.text section）和数据段（.data section），前者包含的是程序中的指令，后者包含的是数据。汇编语言的程序由代码段和数据段构成，代码段对应着指令，数据段则对应着数据。由此可见，程序的确是指令和数据的集合。

section .data 表示数据段的起点，其中包含 3 条指令。A dd 1 的作用是把整数 1 存储到由 4 个连续的存储单元构成的存储空间中，并为这块空间贴上一个叫作 A 的标签，以表示这是第一个加数。当后面的代码再提到 A 时，指的就是这块存储空间。在一般的个人计算机中，每个存储单元的容量都是 8 比特，因此这块存储空间的容量是 32 比特（4 字节）。

B dd 2 和 ANS dd 0 的作用与 A dd 1 类似，只不过贴有 B 标签（表示第二个加数）的存储空间中存放的是整数 2，贴有 ANS 标签（表示计算结果，即两数之和）的存储空间中存放的是 0。这里的 0 是 ANS 的初始值，虽然也可以用其他整数作为初始值，但习惯上还是使用 0。

至此，数据段就结束了，空行之后的 section .text 表示接下来要进入代码段。代码段中的第一条指令是 global main，其中 main 是一个标签，而且 main 标签需要与 global 一同出现。下一行的 main: 正是这个叫作 main 的标签本身，这是一个特殊的标签，表示程序执行的起点。也就是说，CPU 将从贴有 main 标签的指令，即下一行的 mov eax, [A] 开始解释、执行程序。虽然 main 和数据段中的 A、B 和 ANS 都是标签，但因为 main 单独占了一行，所以习惯上要在结尾处加上冒号，以明确表示这是一个标签，而不是一条指令。

前面的代码都是在为"计算 1+2"做准备，从 mov eax, [A] 这一行开始，才真正开始进入计算环节。mov（move 的缩写）指令会将存储在 A 标签中的数据复制 [1] 到 CPU 的 eax 寄存器中。这里的 [] 表示"存储在标签中的数据",若不加 [],这条指令就成了"将 A 标签本身(本质上是内存地址)复制到 eax 中",这就不是我们的意图了。下一条指令是 add eax, [B],这里的 add 表示执行加法运算,参与加法运算的两个操作数分别是存储在 eax 寄存器中的数据和存储在 B 标签中的数据。该指令会把加法运算的结果存回 eax 寄存器中。接下来又是 mov 指令,这条指令会将存储在 eax 寄存器中的计算结果存储(复制)到 ANS 标签中。

"把 A+B 的结果存储到 ANS 中",如此简单的运算看似一步就能完成,可到了汇编语言中竟然需要分 3 步才能实现。为了输出"好不容易"才计算出的结果,程序最后调用了预设的指令 PRINT_DEC 来输出 ANS 的值。由于 ANS 这块存储空间占 4 字节,因此 PRINT_DEC 的第一个操作数是 4。

至此,对于"计算 1+2"的每一行代码,我们就逐行分析完了。不过,这里有一点需要注意,"存储在标签中的数据"和"把数据存储到标签中"的说法其实不够严谨,因为标签的本质是内存地址,而内存地址只是一串数字,其本身无法存储数据。所以,更为严谨的说法是"存储在标签对应的存储空间中的数据"和"把数据存储到标签对应的存储空间中",只是这种说法比较啰唆。

3.6　安装汇编语言编程工具 SASM

　　了解了代码清单 3-1 中每行代码的含义后,为了加深理解,我们再来使用 SASM 验证一下这个程序的行为,看看程序输出的结果是否正

---

[1]　虽然 move 是"移动"的意思,但 A 标签中的数据并不会因"移动"到了 eax 寄存器中而消失,所以这里使用了"复制"一词。——译者注

确。SASM 是一款免费的汇编语言编程工具，自带调试功能，非常适合初学者用来学习汇编语言。我们可以从以下页面获取 SASM。

https://dman95.github.io/SASM/english.html

下面以 Windows 10 专业版为例，简单说明一下 SASM 的安装和启动过程。使用浏览器打开上述网页后，通过点击页面中部的"Download .exe for Windows"链接即可下载 Windows 版 SASM 的安装程序文件（文件名类似 SASMSetup3140.exe）。下载完成后，从 Windows 的"下载"文件夹中找到该安装程序文件，双击后即可启动 SASM 的安装程序。

此时，Windows 可能会询问"你要允许来自未知发布者的此应用对你的设备进行更改吗？"我们选择"是"，如图 3-6 所示。

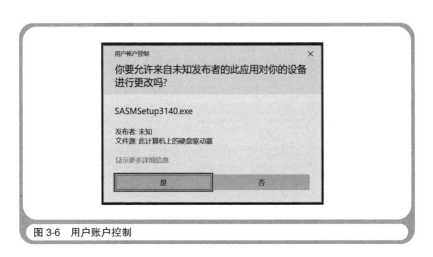

图 3-6 用户账户控制

SASM 的安装程序启动后，会弹出"Select Setup Language"（选择语言）窗口，保持默认的"English"不变，点击下面的"OK"按钮（参见图 3-7）。

图 3-7　Select Setup Language 窗口

　　接下来会出现"License Agreement"（软件许可协议）窗口，选择"I accept the agreement"（接受许可协议）并点击"Next >"（下一步）按钮，如图 3-8 所示。

图 3-8　License Agreement 窗口

　　此时会出现"Select Destination Location"（选择安装位置）窗口，我们可以在这里更改 SASM 的安装位置。默认情况下，SASM 将安装到"C:\Program Files (x86)\SASM"这个文件夹中。若不需要更改，可直接点击"Next >"（下一步）按钮（参见图 3-9）。

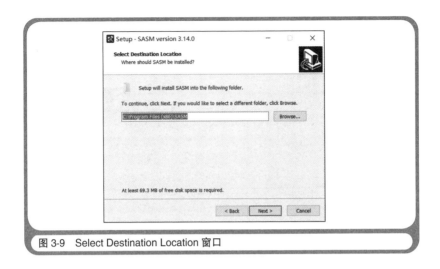

图 3-9 Select Destination Location 窗口

接下来安装程序会询问开始菜单中用于放置 SASM 快捷方式的文件夹的名称，默认名称为"SASM"。若不需要更改，可再次点击"Next >"（下一步）按钮（参见图 3-10）。

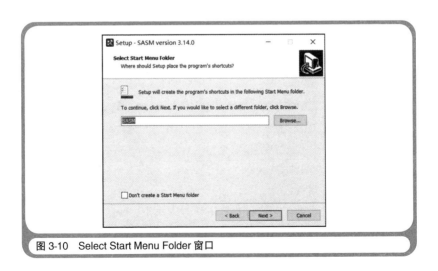

图 3-10 Select Start Menu Folder 窗口

然后勾选"Create a desktop shortcut"（在桌面创建快捷方式）选项

并再次点击"Next >"（下一步），如图 3-11 所示。

图 3-11　勾选"Create a desktop shortcut"选项

在"Ready to Install"（准备安装）窗口（参见图 3-12）出现后，点击"Install"（安装）按钮。随后会出现安装进度条，待进度条结束后，SASM 就安装好了。

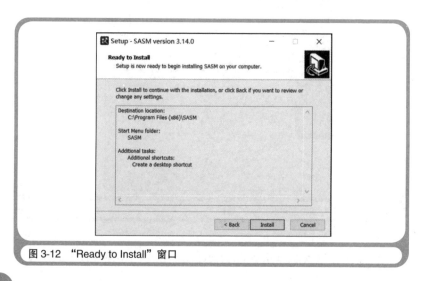

图 3-12　"Ready to Install"窗口

最后，点击"Finish"（完成）按钮即可关闭安装程序并启动 SASM，如图 3-13 所示。

图 3-13　完成安装

首次启动时，SASM 会询问要使用哪一种语言的界面，我们可以从下拉列表中选择"中国"这个选项。经过一番操作，SASM 的主界面终于出现了，如图 3-14 所示。

图 3-14　SASM 主界面

由于 SASM 已经安装好了，因此通过"开始"菜单中的 SASM 文件夹和双击桌面上的图标都可以启动 SASM。

3.7 使用 SASM 编写并运行"计算 1+2"的程序

下面就来使用 SASM 编写"计算 1+2"的程序吧。启动 SASM 后，点击"创建新的项目"可进入编程界面，如图 3-15 所示。

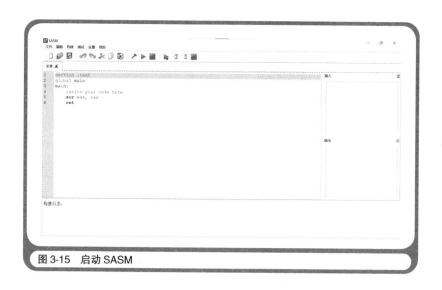

图 3-15 启动 SASM

从图 3-15 中可以看到，界面分为几个区域，我们暂时只需要关注左上方的代码编辑区域。这里已经写好了几行代码。

```
section .text
global main
main:
    ;write your code here
    xor eax, eax
    ret
```

绝大多数程序中会用到这段代码，我们可以将其看作汇编语言程序的模板。前 3 行代码刚刚已经分析过了，第 4 行的 ;write your code here 以分号开头，说明这一行是注释，提示我们从这里开始编写（代码段中的）代码。最后两行中的 xor 指令和 ret 指令的作用是让程序正常退出。

下面我们对照着代码清单 3-1 逐行输入代码。汇编语言的代码是由半角的字母、数字和符号组成的，所以在输入时如果开启了中文输入法，则要确保中文输入法未处于全角输入模式。不过，分号之后的注释可以用中文书写。程序只不过是用编程语言书写的文档，所以我们只需像在文字处理软件中编辑文档一样编辑代码即可。使用"Tab"键来分隔标签和操作码以及操作码和操作数能够使程序看起来更加整洁。

编写好代码之后，可以点击工具栏中的"保存"按钮，将代码保存到文件中。SASM 会自动在文件名之后添加扩展名".asm"。保存好以后，编辑区域上方的标签会由"新建"变为该文件的文件名。至此，我们就用汇编语言编写出了"计算 1+2"的程序。怎么样，很简单吧。

赶紧来看一看运行结果吧。先点击工具栏上的"构建并运行"（图标是三角形）按钮，如果代码中没有错误，那么在窗口底部的窗格中就会出现一行文字，即"程序正常完成"，同时在右侧的"输出"窗格中会显示正确的计算结果"3"，如图 3-16 所示。如果窗口底部出现的文字是"在构建中出现错误"或是"程序崩溃"，则要再对照着代码清单仔细检查一下，修正后再次尝试运行。

还可以尝试修改 A 标签和 B 标签的值，然后再次运行这个程序，看看计算出来的两数之和是否正确。

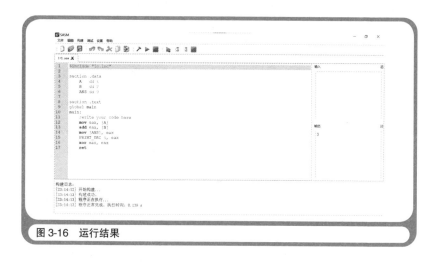

图 3-16　运行结果

3.8　查看汇编语言对应的机器语言

通过前面的学习，我们知道汇编语言的程序需要先转换成机器语言的程序才能由 CPU 解释、执行，而且汇编语言的指令和机器语言的指令是一一对应的。那"计算 1+2"这段代码所对应的机器语言的代码是什么呢？

在 SASM 中，我们可以通过 GDB 命令来查看对应的机器语言的代码。GDB 是一款功能强大的调试工具，能够辅助程序员剖析程序。点击工具栏中的"调试"按钮（图标是右下角有一只甲虫的三角形）就可以进入调试模式。此时，SASM 窗口底部的窗格中会出现一行文字，即"正在调试…"，同时最底部还会出现一个名为"GDB 命令："的输入框。另外，进入调试模式后，SASM 会在 ;write your code here 这行注释的上面插入一行代码 mov ebp, esp。这行代码后面的注释 ;for correct debugging（为了正确的调试）说明该指令仅用于辅助调试，并不会影响程序的运行，因此可以忽略，如图 3-17 所示。

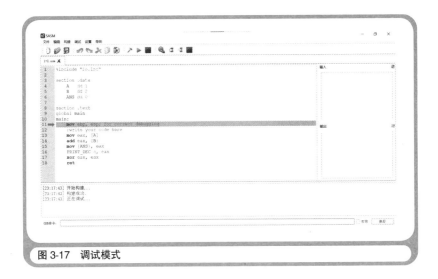

图 3-17　调试模式

接下来，先在"GDB命令:"中输入 `set disassembly-flavor intel` 并按下回车键，然后继续在"GDB命令:"中输入 `disassemble /r` 并按下回车键，此时在底部的窗格中输出了大量信息，我们暂时将目光聚焦到倒数第8行上，如图 3-18 所示。

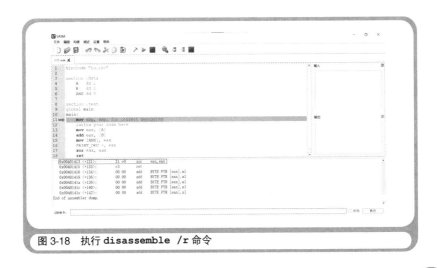

图 3-18　执行 **disassemble /r** 命令

不难发现，这一行结尾处的 `xor eax, eax` 就是程序倒数第 2 行的代码。那中间的 `31 c0` 代表什么呢？

这两个十六进制数其实就是机器语言的代码，`31` 对应着 `xor`，`c0` 对应着 `eax, eax`。而且，GDB 输出信息中的其他行中间部分的十六进制数也是机器语言的代码，比如第 1 行中间部分的 `89 e5` 就是 `mov ebp, esp` 对应的机器语言的代码。至于为什么 `31` 对应着 `xor`，`89` 对应着 `mov`，以及为什么明明 `xor` 指令和 `mov` 指令都有两个操作数，似乎应该对应两个十六进制数却只对应一个，这些对应方法都是人为规定的，只能通过查询 CPU 的指令手册才能得知。现在诸位应该能深切地感受到为什么要发明汇编语言了吧。这是因为在使用机器语言编程时我们不得不记忆毫无规律的数字，实在太不方便了。

点击工具栏上的"退出"按钮（正方形图标）即可退出调试模式。

3.9　查看 CPU 和内存之间的数据传输方式

在探究数据如何在 CPU 的寄存器和内存的存储单元之间传输之前，需要先熟悉一下 SASM 的"寄存器组"窗格和"内存"窗格。这两个窗格只有在调试模式下才会出现。先点击工具栏中的"调试"按钮，然后分别点击"调试"菜单中的"显示寄存器组"和"显示内存"就可以打开这两个窗格了。

"寄存器组"窗格显示在窗口的右侧，里面列出了各个寄存器中的数据，如图 3-19 所示。Hex（十六进制数的英文缩写）这一列中以十六进制数的形式显示出了各个寄存器中的数据（0x 表示后面的数字是十六进制数）。"消息"（可能用"信息"更合适）这一列中的数据的格式取决于寄存器。对于 eax、ecx 等通用寄存器，该列中的数字是存储在寄存器中的数据，只不过是以十进制数表示的。对于 eip 寄存器，该列

中会以 <main+X>（X 是一个整数）的格式指出当前指令的内存地址相
对于 main 标签的偏移量（间隔了 X 字节）。对于 eflags 寄存器，该列
中会列出已置位的标志（已升起的旗子）。

图 3-19 "寄存器组"窗格

"内存"窗格中现在还没有任何数据，点击"添加变量..."，然后输
入 A 并按下回车键。现在"值"这一列中出现了数字 1，这正是我们在
数据段中定义并存储在 A 标签中的整数（第一个加数）。接下来把 B 标
签也添加进来看看，果不其然，B 标签的值（第二个加数）是 2，如
图 3-20 所示。

"内存"窗格不仅可以监视定义在数据段中的标签的值，还可以查
看 main 标签对应的内存地址，如图 3-21 所示。继续点击"添加变
量..."，然后输入 main。按下回车键后你会看到，main 标签对应的值
是 4199312，似乎就是一个普通的数字。但当你点击这个数字后面的
下拉列表，把默认的 smart（智能）改为 Hex（十六进制）后，就会发现
这个值正是"寄存器组"窗格中 eip 寄存器（3.10 节将详细分析 eip 寄

存器的作用）的值。这说明 CPU 正是从 main 标签对应的内存地址开始逐行执行存储在内存中的指令的。Hex 之后的下拉列表中的 d 表示以 double word（32 比特，即 4 字节）为单位，监视容量为 32 比特的存储空间中的数据。

图 3-20　"内存"窗格（一）

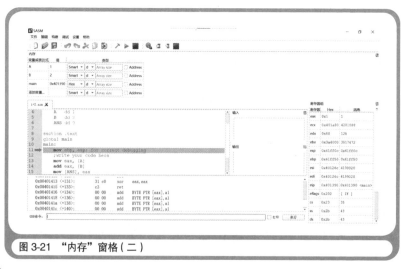

图 3-21　"内存"窗格（二）

　　熟悉了"寄存器组"窗格和"内存"窗格后，就可以试着逐行调试这段程序了。调试时先重点关注 CPU 的 eax 寄存器和内存存储空间中的数据。此时，代码编辑区域的左侧应该会出现一个箭头。箭头指向了 `mov ebp, esp` 这条指令，这条指令的背景色也变成了醒目的颜色。调试程序时要时刻关注箭头的位置。箭头指向哪条指令，哪条指令就是即将执行的指令。在点击工具栏中的"跳过"按钮（工具栏中倒数第三个图标）前，CPU 不会解释、执行箭头指向的指令，所以这里才说是"即将执行的"指令。

　　如前所述，`mov ebp, esp` 这条指令是 SASM 自动加入的，仅用于辅助调试，并不会影响程序的流程。我们可以直接点击"跳过"按钮来忽略这条指令。

　　此时，箭头跳过了 `;write your code here` 这行注释，指向了 `mov eax, [A]` 这条指令。这也说明 CPU 并不会解释、执行代码中的注释，这些注释仅仅是写给程序员看的文字。在继续点击"跳过"按钮前，可以先从右侧的"寄存器组"窗格中观察一下 eax 寄存器的值。

　　`mov eax, [A]` 这条指令执行后会发生什么呢？`mov` 指令的作用是将存储在 A 标签中的整数 1（0x1）复制到 CPU 的 eax 寄存器中。点击"跳过"按钮后你会发现，eax 寄存器的值果然是 0x1 了（参见图 3-22）。如果 eax 寄存器的初始值就是 0x1，则会让人感觉 `mov` 指令似乎没有生效。为了避免这种错觉，可以在调试前先把其他整数存储到 A 标签中，然后再来观察这条指令的效果。

图 3-22　执行 mov 指令后，eax 寄存器的值变成了 0x1

此时，箭头指出即将执行的指令是 add eax, [B]，该指令的作用是将存储在 B 标签中的整数 2（0x2）累加到 CPU 的 eax 寄存器中。这样一来，eax 寄存器的值应该会由 0x1 变为 0x3。再次点击"跳过"按钮，不出所料，eax 寄存器的值果然变成了 0x3，如图 3-23 所示。

图 3-23　执行 add 指令后，eax 寄存器的值变成了 0x3

　　箭头又指向了 `mov [ANS]，eax` 这条指令，该指令能够将 eax 寄存器中的两数之和 0x3 存储到 ANS 标签中。为了验证这条指令的作用，我们先把 ANS 也添加到"内存"窗格中。ANS 当前的值是 0（0x0），点击"跳过"按钮后，它的值真的变成了 3（0x3），如图 3-24 所示。

图 3-24　执行 **mov** 指令后，**ANS** 的值变成了 3（0x3）

　　接下来要执行的指令是 PRINT_DEC，该指令主要用于操作 I/O，向屏幕输出一个整数。我们暂且不去关注其中的细节，直接点击"跳过"按钮。此时，"输出"窗格中应该会出现计算结果 3。

　　箭头现在指向了 `xor eax，eax` 这条指令，该指令的作用是将 eax 寄存器的值清零，因为 0 表示程序正常退出。点击"跳过"按钮后，eax 寄存器的值的确清零了。

　　箭头终于到达了最后一条指令。一旦执行完 ret 这条指令，程序就会退出。再次点击"跳过"按钮，随着程序的退出，窗口的最下方出现了一行文字"调试完成。"

◯ 3.10　指令顺序执行的机制

在本章的最后，我们再来探索一下"程序中的指令是按顺序执行的"这一现象背后的机制。为此，我们再来单步调试（点击一次"跳过"按钮，执行一条指令）一遍"计算 1+2"的程序，这一次重点关注 eip 寄存器的值。

再次点击"调试"按钮，进入调试模式。此时从"寄存器组"窗格中可以看到，eip 寄存器的值是 0x401390。这个值的含义是什么呢？

为了弄清这个问题的答案，仍需借助强大的 GDB 命令。再次在窗口底部的"GDB 命令："中执行 set disassembly-flavor intel 和 disassemble /r。在输出的信息中，这一次我们重点关注每一行开头部分的两个数字，一个数字写在 0x 之后，另一个数字写在 <> 之间。0x 之后的数字是指令的内存地址，<> 之间的数字表示指令与程序中第一条指令之间隔了多少字节。

通过对比 eip 寄存器的值和 GDB 命令输出信息中的第一条指令的地址，我们发现 eip 寄存器的值正好是第一条指令的地址（参见图 3-25），而第一条指令又是即将执行的指令，所以 eip 寄存器的值应该就是即将执行的指令的地址。接下来，我们通过不断进行单步调试来验证这个结论。

点击"跳过"按钮后，箭头指向了 mov eax, [A]。此时，eip 寄存器的值变成了 0x401392。通过对比窗口下方 GDB 命令输出中的信息，可以发现这个值是 mov eax,ds:0x402000 这条指令的地址。这个地址后面 <> 中的 +2 说明刚刚执行过的 mov ebp, esp 这条指令在内存中占用 2 字节。

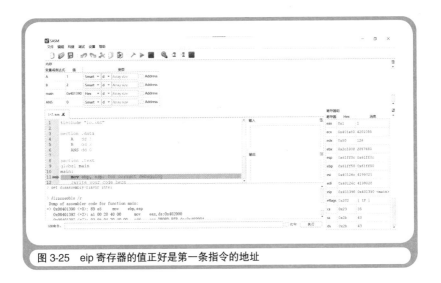

图 3-25 eip 寄存器的值正好是第一条指令的地址

`mov eax, [A]` 与 `mov eax,ds:0x402000` 有什么关联呢？这两条指令其实是同一条指令。前面讲过，`A` 只不过是一个贴在内存存储空间上的标签，本质上还是数字形式的内存地址，CPU 在解释、执行指令时只会使用内存地址。这里的 `0x402000` 就是 `A` 标签对应的地址，`ds` 是数据段（.data section）的缩写，用于说明 `A` 标签对应的是位于数据段中的内存地址。既然这两条指令是同一条指令，那么 eip 寄存器的值就又是即将执行的指令的地址了，如图 3-26 所示。

继续点击"跳过"按钮，eip 寄存器的值又变成了 `0x401397`，通过对比 GDB 输出的信息（`add eax, DWORD PTR ds:0x402004`），这个地址正好是 `add eax, [B]` 这条指令的地址，而 `0x402004` 是 `B` 标签对应的内存地址。我们注意到，这一次点击"跳过"按钮使 eip 寄存器的值从 `0x401392` 变成了 `0x401397`，增加了 5，这说明刚刚执行的 `mov` 指令对应的机器语言代码应该占 5 字节。

图 3-26　eip 寄存器的值又是即将执行的指令的地址了

```
0x00401392 <+2>:   a1 00 20 40 00 mov    eax,ds:0x402000
```

数一数这条 mov 指令的机器语言的代码由几个十六进制数（1 个两位的十六进制数就是 1 字节）构成，是不是也刚好是 5 个呢？另外，eip 寄存器的值依然是即将执行的指令的地址。

再次点击"跳过"按钮，eip 寄存器的值又变成了 0x40139d，这说明即将执行的指令应该是 mov [ANS], eax（mov ds:0x402008, eax）。0x402008 是 ANS 标签对应的内存地址。

还是点击"跳过"按钮。现在，即使不看箭头的位置，通过对比 eip 寄存器的值和 GDB 输出信息中的内存地址也应该能判断出，即将执行的是 PRINT_DEC 指令（在 GDB 的输出信息中是 call 0x4013a9 <main+25>），以及接下来要执行的是 xor 指令和 ret 指令。

通过反复观察和对比 eip 寄存器中的内存地址，我们可以得出如下结论：eip 寄存器中存储着即将执行的指令的地址。每执行完一条指令，

eip 寄存器的值都会自动更新为下一条即将执行的指令的地址。而这正是程序中的指令得以按顺序执行的机制。

到此为止，汇编语言之旅就结束了。

☆   ☆   ☆

本章的学习目标只有一个——了解计算机在执行"计算 1+2"程序时内部都发生了什么。为了达到这个目的，我们用汇编语言编写了这个程序并借助 SASM 确认了其行为。诸位现在是不是已经能够把硬件和软件的知识联系起来了，对计算机的理解应该也更加深入了吧。

接下来就让我们带着"我终于知道计算机是怎样跑起来的"这份喜悦感进入第 4 章，看一看程序的流程和算法的基础。

第4章

程序像河水一样流动

在阅读本章内容前，让我们先回答下面的几个问题来热热身吧。

初级问题

flow chart 是什么意思？

中级问题

程序的流程分为哪 3 种？

高级问题

什么是事件驱动？

　　怎么样？被这么一问，是不是发现有一些问题无法简单地解释清楚呢？下面我会公布答案并进行解释。

答案 •

　　初级问题：flow chart 是"流程图"的意思。

　　中级问题：程序的流程分为顺序执行、条件分支和循环。

　　高级问题：事件驱动指的是由事件决定程序的流程。

解释 •

　　初级问题：流程图（flow chart）是表示程序流程的图。

　　中级问题：程序的流程与河水的流动方式类似，可分为以下 3 种
　　　　　　　形式：犹如水流向着一个方向流淌的流程称作"顺序执
　　　　　　　行"；犹如流着流着产生了支流的流程称作"条件分
　　　　　　　支"；犹如漩涡的流程称作"循环"。

　　高级问题：Windows 应用程序的运行就是由事件驱动的。例如，
　　　　　　　选择"打开文件"菜单项就会弹出一个窗口，我们可以
　　　　　　　在里面指定文件的存储位置并选择要打开的文件。之
　　　　　　　所以能够这样操作，是因为一旦触发了"选中了菜单
　　　　　　　项"这个事件，程序的流程就会跳转到处理弹出窗口的
　　　　　　　环节。

本章
要点

本章的主题是程序的流程。程序员一般都是先考虑好程序的流程再开始编写代码。只有编写过程序的人才能体会到"程序是流动的"。如果程序不能按照预期运行，那么说明程序员还没有充分掌握"程序是如何流动的"。

为什么说"程序是流动的"呢？因为作为计算机大脑的 CPU 在同一时刻基本上只能解释、执行一条指令。把指令和作为指令操作对象的数据排列起来就形成了程序。假设有一条长长的纸带，上面一条挨一条地依次排列着若干条指令。计算机会从纸带的一端边吸入纸带边解释并执行上面的每条指令。这样一来，随着纸带的运动，程序就好像流动起来了。这就是最典型的程序的流程。不过程序的流程并不是只有这一种。下面我先来介绍一下程序的 3 种流程。

4.1 程序的流程分为 3 种

通过前几章的学习，诸位现在应该能够想象出计算机硬件层面的运作方式了吧。计算机的硬件系统由 CPU、内存和 I/O 这 3 部分构成。内存中存储着程序，也就是指令和数据。CPU 跟随由时钟发生器发出的嘀嗒嘀嗒的时钟信号依次解释并执行从内存中取出的指令。

CPU 中有多个各司其职的寄存器，其中的 PR 寄存器[1][2]里存储着当前正在执行的指令的内存地址。每解释、执行完一条指令，PR 寄存器的值都会自动更新。

PR 寄存器的值在大多数情况下只会增大。假设 PR 寄存器中当前

① 本节将基于第 2 章中讲解过的 COMET Ⅱ 的 CPU 和内存讲解程序的流程。
② 这里的"RP 寄存器"相当于第 3 章中提及的"eip 寄存器"。——译者注

存储的是 #1000 号地址（ # 表示后面的数字是十六进制数），该地址指
向内存中一条占两个存储单元的指令。CPU 解释、执行完这条指令后，
PR 寄存器的值就会变成 #1000 + 2 = #1002。也就是说，程序基本上是
从内存中的低地址（编号较小的地址）向着高地址（编号较大的地址）
流动的。我们把程序的这种流动方式称为"顺序执行"，如图 4-1 所示。

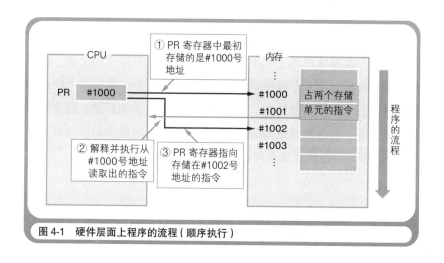

图 4-1　硬件层面上程序的流程（顺序执行）

　　程序的流程总共有 3 种。除了"顺序执行"，还有"条件分支"和
"循环"。因为只有这 3 种，所以记忆起来应该比较轻松。

　　正如上文所述，"顺序执行"是按照指令在内存中的先后顺序依次执
行的流程。"条件分支"是根据条件的成立与否，在程序的流程中产生分
支的流程。而"循环"是反复执行若干次特定范围内的程序指令的流程。
无论规模多么大、多么复杂的程序，都是由这 3 种流程组合起来的。

　　程序的 3 种流程就如同河流在流淌时形成的 3 种形态一样。从高
山的泉眼中涌出的清泉形成了河流的源头（程序执行的起点）。水流从
山中缓缓流下，有时向着一个方向流淌（顺序执行），有时分出了支流

（条件分支），有时由于地势卷起了漩涡（循环）。怎么样，程序的流程也很美吧，像不像裱在画轴上的山水画（参见图4-2）？

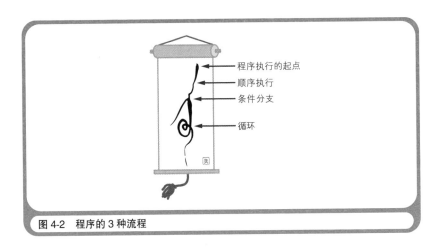

程序执行的起点
顺序执行
条件分支
循环

图 4-2　程序的 3 种流程

尽管下面这一小段程序不如山水画那样优美，但我还是想给诸位展示一下。代码清单 4-1 中列出了用 Python[①] 编写的"石头剪刀布游戏"的代码。玩家和计算机可以进行 5 轮石头剪刀布比赛，比完之后会显示玩家获胜的次数，如图 4-3 所示。

代码清单 4-1　用 Python 编写的"石头剪刀布游戏"

```
# 导入生成随机数的模块
import random

# 显示启动信息
print("石头剪刀布游戏 版本 1.00")
print("石头 =0、剪刀 =1、布 =2")

# 初始化表示玩家获胜次数和失败次数的变量
```

①　本书第 2 版使用 Python 重写了第 1 版中用 VBScript 编写的示例代码。如果计算机中已经安装了 Python，那么只需把代码清单 4-1 中的代码保存到文件（如 ShitouJiandaoBu.py）中，就可以通过在终端（如 Windows 上的命令提示符）中输入"python ShitouJiandaoBu.py"来运行该程序。

```
win = 0
lose = 0

# 反复进行 5 轮石头剪刀布比赛（平局不计数）
n = 1
while n <= 5:
    # 从键盘输入玩家的手势
    print()
    user = int(input("玩家的手势 -->"))

    # 生成表示计算机的手势的随机数
    computer = random.randint(0, 2)
    print(f"计算机的手势 -->{computer}")

    # 判定胜负，显示结果
    if user == computer:
        print("平局。")
    elif user == (computer - 1) % 3:
        print("玩家获胜。")
        win += 1
        n += 1
    else:
        print("玩家失败。")
        lose += 1
        n += 1

# 显示玩家的胜负次数
print(f"{win} 胜 {lose} 负。")
```

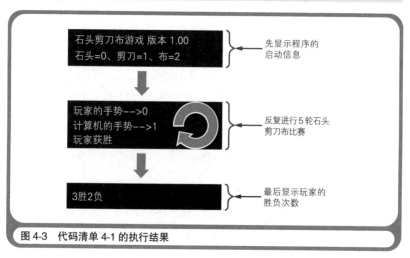

图 4-3　代码清单 4-1 的执行结果

4.2　用流程图表示程序的流程

代码清单 4-1 所示的"石头剪刀布游戏"的程序包含了顺序执行、条件分支和循环这 3 种流程。没有学过 Python 的读者也许会觉得程序代码就好像是魔法咒语一样。为了让所有人都能明白代码清单 4-1 中的程序，我画出了这段程序的"流程图"。

正如其名，流程图就是表示程序流程（flow）的图（chart）。很多程序员在编程前会通过画流程图或类似的图来思考程序的流程。若忽略细节，"石头剪刀布游戏"程序的主要流程如图 4-4 所示。

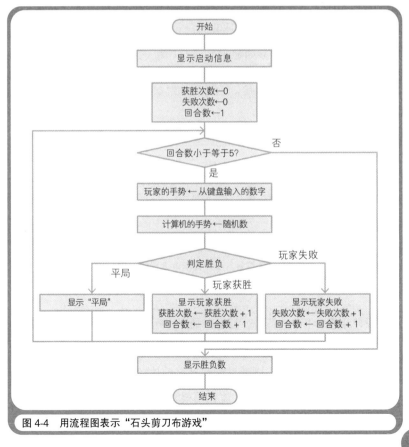

图 4-4　用流程图表示"石头剪刀布游戏"

　　流程图的方便之处在于不依赖特定的编程语言。图 4-4 中的流程不仅可以转换成 Python 程序，还可以转换成用其他语言（如 C 或 Java）编写的程序。我们可以这样认为，编程只不过是用符合编程语言语法的代码重现流程图上的流程罢了。有了详细的流程图，程序就差不多完成了。我曾有过这样的经历，画流程图花费了一个月之久，但是对照着流程图专心写程序只需要两天的时间。

　　话说回来，诸位都善于画流程图吗？是不是觉得流程图中符号太多，在画图时要把它们都用上很麻烦呢？

　　实际上用于表示程序流程的最基础的符号并没有多少。只要记住表 4-1 中的符号就足够了。就连我自己也很少使用这张表以外的符号。虽然有时我们也能见到形如显示器或打印纸的符号，但这些附加符号的作用只是为了丰富流程图的表现。

表 4-1　最基础的流程图符号

符号	含义
⬭	表示流程的开始和结束
▭	表示处理步骤
◇	表示分支和循环的条件
| ↓	用直线连接符号。在需要明确流程的方向时使用末端带有箭头的直线

　　只使用表 4-1 中的符号，就可以画出程序的 3 种流程（参见图 4-5）。只需用直线将矩形框连接起来即可表示"顺序执行"(a)。"条件分支"用菱形表示 (b)。"循环"则通过能回到之前执行过的处理步骤的条件分支来表示 (c)。怎么样，这 3 种流程都很容易画吧？

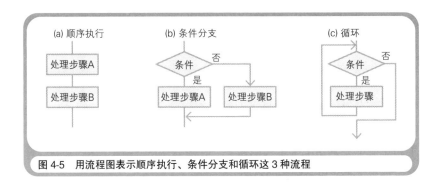

图 4-5 用流程图表示顺序执行、条件分支和循环这 3 种流程

作为程序员，必须学会灵活地运用流程图。在思考程序流程的时候，也要先在头脑中画出流程图。

● 4.3 表示循环程序块的"帽子"和"短裤"

在流程图中，还可以用图 4-6 所示的符号表示"循环"。我将这对符号称作"帽子和短裤"（因为有点儿像游泳时穿戴的帽子和短裤）。这当然不是正式的名称，但要比正式的名称"六边形"更形象。

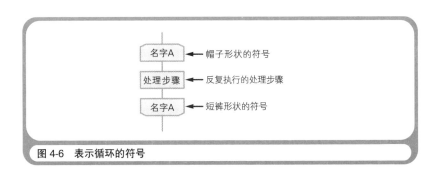

图 4-6 表示循环的符号

"帽子"和"短裤"是成对出现的，名字相同的"帽子"和"短裤"是一对。二者包围起来的是需要反复执行的处理步骤。如果要在循环中嵌套循环，那么每个循环都需要分别使用一对"帽子"和"短裤"。

为了区分成对出现的"帽子"和"短裤",每一对符号都要有唯一的名字。

稍微说一点儿题外话。我的名字是久雄,有一个叫康男的哥哥。小时候洗衣服时,如果将哥哥的帽子和短裤与我的混在一起洗,那么就分不清哪件是哥哥的、哪件是我的了。于是,母亲在我们哥俩的帽子和短裤上分别写上了个人的名字。在流程图的"帽子"和"短裤"符号上写名字也是出于同样的目的(参见图 4-7)。

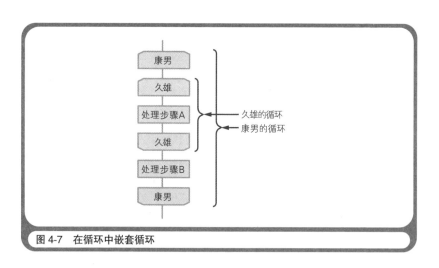

图 4-7　在循环中嵌套循环

下面我们回到正题。从计算机硬件上的操作来看,循环是通过有条件地返回到之前的处理步骤实现的。在机器语言或汇编语言中,使用跳转指令[①]就可以将 PR 寄存器的值设置为要跳转到的内存地址。如果将它的值设为之前执行过的指令的内存地址,那么就可以构成循环。因此,如图 4-5 中的 (c) 图所示,使用菱形符号就可以画出表示循环的

————————————————

① 跳转指令能够将程序中的任意位置作为后续处理流程的起点。在汇编语言中,跳转指令的操作数是要跳转到的内存地址。

流程图。用机器语言或汇编语言表示循环时，一般要先通过比较指令进行某种比较，再根据比较结果，使用跳转指令跳转到之前执行过的指令的内存地址（参见图 4-8）。

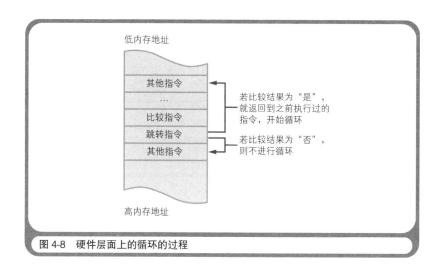

图 4-8　硬件层面上的循环的过程

不过，现在还在使用机器语言或汇编语言的程序员已经不多了。绝大多数程序员使用的是更加高效的高级语言，比如 C、Java、Python等。这些高级语言不再使用跳转指令，而是改用"程序块"表示循环。所谓"程序块"，就是一段代码。程序中要循环执行的一段代码就是一种程序块。图 4-6 所示的用"帽子"和"短裤"表示循环的方法就适用于使用了程序块的高级语言。

代码清单 4-2 列出了从"石头剪刀布游戏"的代码中摘录出的循环处理的程序块。Python 使用 while 程序块表示循环。循环执行的代码需要缩进（在行首插入空白字符）书写。while 和缩进书写的代码构成了循环的程序块。while 后面写有循环条件。while n <= 5 表示只要存储着"石头剪刀布游戏"回合数的变量 n 小于等于 5 就一直循

环。在流程图中，循环条件要写在"帽子"中（参见图 4-9）。

代码清单 4-2　高级语言中循环的写法

```
while n <= 5:
    # 从键盘输入玩家的手势
    print()
    user = int(input(" 玩家的手势 -->"))

    # 生成表示计算机的手势的随机数
    computer = random.randint(0, 2)
    print(f" 计算机的手势 -->{computer}")

...
```

循环的程序块

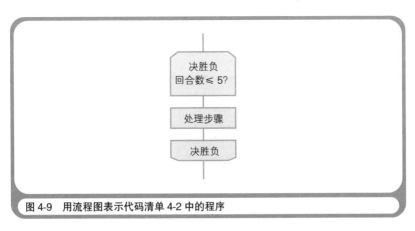

图 4-9　用流程图表示代码清单 4-2 中的程序

　　在高级语言中，使用 while 程序块（或与之相当的程序块）表示循环更加方便。但是在直接描述硬件行为的机器语言和汇编语言中，没有相当于 while 程序块的指令，因此只能通过条件分支来实现循环。条件分支本身也是通过跳转指令实现的。根据比较指令的结果，跳转到之前执行过的指令就是循环；跳转到之后尚未执行的指令就是普通的条件分支（参见图 4-10）。

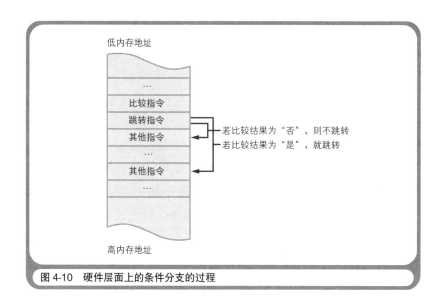

图 4-10　硬件层面上的条件分支的过程

　　在高级语言中，条件分支也是一种程序块。Python 使用 if、elif 和 else 表示条件分支的程序块。这 3 个关键词构成了 3 个程序块（参见代码清单 4-3）。如果 if 后面的条件成立，那么 if 程序块中的代码就会执行，形成一个分支。如果 elif（else if 的缩写）后面的条件成立，那么 elif 程序块中的代码就会执行，形成另一个分支。当这两个条件都不成立时，else 程序块中的代码就会执行，又形成一个分支。在流程图中，高级语言中条件分支的程序块用菱形符号表示。

代码清单 4-3　高级语言中条件分支的写法

```
if user == computer:
    print("平局。")                              —— if 程序块

elif user == (computer - 1) % 3:
    print("玩家获胜。")
    win += 1                                     —— elif 程序块
    n += 1
```

```
else:
    print("玩家失败。")
    lose += 1
    n += 1
```
——— else 程序块

4.4　结构化程序设计

　　既然谈到了程序块，就再来看一看"结构化程序设计"吧。诸位可能都听说过这个词。结构化程序设计是由学者戴克斯特拉（Dijkstra）提倡的一种编程风格。简单地说，所谓结构化程序设计，就是"为了凸显程序的结构，应该仅使用顺序执行、条件分支和循环描述程序的流程，而不应使用跳转指令"。[①] "仅使用顺序执行、条件分支和循环"是不言自明的，诸位需要注意的是"不应使用跳转指令"这一点。

　　从计算机硬件上的行为来看，无论是条件分支还是循环，都必须使用跳转指令实现。但是在 Python 等高级语言中，可以用 if～elif～else 程序块表示条件分支，用 while 程序块表示循环，跳转指令因此就变得可有可无了。不过，还是有很多高级语言提供了相当于低级语言中跳转指令的语句，比如 C 语言中的 goto 语句。其实戴克斯特拉想表达的是"既然好不容易使用上了高级语言，就别再使用相当于跳转指令的语句了，因为即使不使用跳转语句，也能描述出程序的所有流程"。他之所以这样说，是因为跳转语句很容易导致程序的流程变得错综复杂，就像意大利面条那样缠绕在一起（参见图 4-11）。

---

① 　模块化的程序结构有时也算作结构化程序设计。

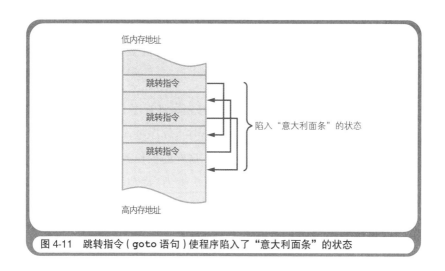

图 4-11 跳转指令（goto 语句）使程序陷入了"意大利面条"的状态

为了充分体现流程图的用途，下面稍微涉及一些有关算法的内容。所谓算法（algorithm），就是解决问题的步骤。如果想让计算机解决问题，那么就需要先把问题的解法转换成程序的流程。

仅用一条指令就能编写出"石头剪刀布游戏"的编程语言并不存在。如果眼下待解决的问题是如何编写"石头剪刀布游戏"，那么就必须考虑如何把若干条指令组合起来构成解决问题的流程。只要把流程设计好，算法就能实现，问题也就解决了。要是诸位被问到"这个程序的算法是怎样的呢?"，只要回答清楚程序的流程就可以，或者也可以画出流程图，因为表示程序流程的流程图本身就能解释算法。

设计算法时重点是要分两步走，先从整体上抓住程序的粗略流程，然后再考虑程序各个部分的详细流程。详细的程序流程第 5 章会具体介绍，本节先介绍粗略的流程。虽然或多或少会有例外，但从整体上来看，几乎所有程序都具有一个非常简单且一成不变的流程，那就是"初始化处理"→"循环处理（主要处理）"→"收尾处理"。

我们平时是怎样使用程序的呢？首先启动程序（程序执行初始化处理），接下来根据自己的需求操作程序（程序进入循环处理阶段），最后关闭程序（程序执行收尾处理）。这样的操作方法本身就可以直接作为程序的整体流程。还是以"石头剪刀布游戏"为例，当我们划分出初始化处理、循环处理和收尾处理之后，就可以画出图 4-12 所示的粗略的流程图。图中把 5 次循环处理看作一次处理（用矩形表示）。

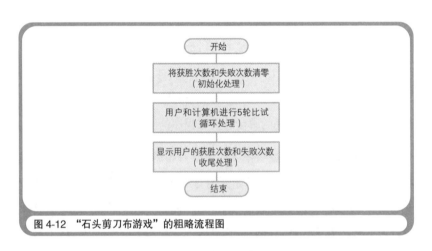

图 4-12　"石头剪刀布游戏"的粗略流程图

反映程序整体流程的粗略流程图还可以用来描述我用文字处理软件写作本书的过程。如图 4-13 所示，首先启动文字处理软件，调整纸张大小、排版方向等文档样式（初始化处理）；接下来通过不断地增减文字来编辑文档（循环处理）；最后保存编辑好的文档（收尾处理）。

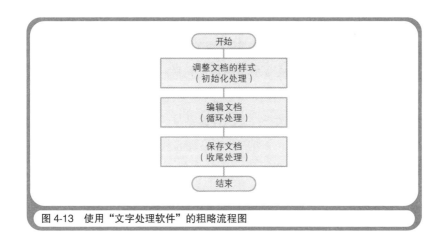

图 4-13 使用"文字处理软件"的粗略流程图

如果程序的运行结果不符合预期，也不必烦恼，不妨先画一画反映程序整体流程的粗略流程图。只要在此之上慢慢地细化流程，就能得到详细的流程图。按照流程图所示的流程进行编程应该会轻松很多。

4.6 特殊的程序流程——事件驱动

在本章的最后，我将介绍一种特殊的程序流程——事件驱动（event driven）。事件驱动常用于编写带有图形用户界面的应用程序，比如 Windows 应用程序。用户在应用程序中点击鼠标或者敲击键盘的操作统称为"事件"（event）。负责检测事件的是 Windows 操作系统。Windows 通过调用应用程序中的特定函数来通知应用程序已发生的事件。而应用程序需根据事件的类型提供相应的处理函数，比如处理鼠标点击的函数、处理键盘输入的函数等。这就是事件驱动。事件驱动是一种特殊的条件分支，程序的流程取决于事件的类型。

虽然事件驱动这种特殊的流程也可以用流程图表示，但是需要用到大量的菱形符号（表示条件分支），因此画出来的流程图会很复杂。而便于表示事件驱动的是"状态转化图"。状态转化图记录了多个状态，反映了由于不同的原因从一个状态转化到另一个状态的流程。带有图形用户界面的程序的窗口往往具有若干个状态。例如，图 4-14 所示的计算器程序就包含 3 个状态：显示计算结果、显示第一个输入的数以及显示第二个输入的数。[①] 当前状态会随着用户按下不同种类的按键而发生转化。在状态转化图中，矩形中写有状态的名称，箭头表示状态转化的方向，箭头上标注的是引起状态转化的原因（事件，参见图 4-15）。

图 4-14　Windows 附带的计算器程序

---

① 如何划分计算器程序的状态取决于程序设计者的看法，这里我们重点关注显示部分的状态。

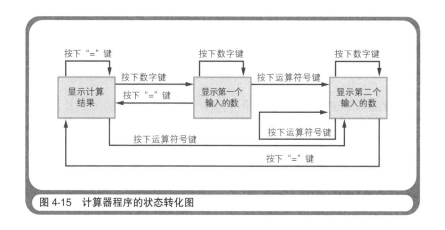

图 4-15 计算器程序的状态转化图

如果诸位觉得画图很麻烦，我推荐使用"状态转化表"（参见表 4-2），因为制表用 Microsoft Excel 等表格软件就可以完成，修改起来也要比图方便。在状态转化表中，行标题是带有编号的状态，列标题是状态转化的原因，单元格中是目标状态的编号。

表 4-2 计算器程序的状态转化表

状态／状态转化的原因	按下数字键	按下"="键	按下运算符号键
(1) 显示计算结果	→(2)	→(1)	→(3)
(2) 显示第一个输入的数	→(2)	→(1)	→(3)
(3) 显示第二个输入的数	→(3)	→(1)	→(3)

☆　　☆　　☆

尽管事件驱动不太好理解，但是程序的流程只有顺序执行、条件分支和循环这 3 种，这一点并没有改变。顺序执行是最基本的程序流程，因为 CPU 中的 PR 寄存器的值会自动更新。在高级语言中，条件分支和循环分别用 if 程序块和 while 程序块表示，在机器语言和汇编语言中用跳转指令表示这两种流程，在硬件上则可通过把 PR 寄存器的值设为要跳转到的指令的内存地址来实现。诸位只要能充分理解这些概念就可以了。

在接下来的第 5 章中，我将进一步介绍在本章略有涉及的算法。

来自企业培训现场

拆解计算机的练习

　　我常年担任企业 IT 部门的培训讲师，时常与新人分享"IT 的基础知识"。作为培训的第一课，我会带领参与者拆解淘汰的 Windows 个人计算机，共同检查机箱内部的 CPU、内存、I/O 等元件。下面我就通过文字再现一下培训现场。

讲师：首先，我们把计算机的大脑——CPU 取出来。

参与者：CPU 在哪里呢?

讲师：在用来散热的风扇和散热片（排列成排的金属薄片）下面，因为 CPU 运转时会产生热量。

参与者：找到了一块写有 INTEL PENTIUM 4 2.40GHz 的 CPU。

讲师：这就是英特尔经典广告语"给电脑一颗奔驰的芯"中提到的奔腾 CPU。下面我们来看一看 CPU 的背面。

参与者：有很多金属细针呀，好像方头的气垫梳，金灿灿的还挺好看。

讲师：这就是 CPU 的引脚。为了提升导电性，这些引脚都是镀金的。不仅是个人计算机，智能手机和数码相机中的电子元件也使用了金、铜等贵金属。诸位可能都听说过，2020 年东京奥运会和残奥会的奖牌就是用从旧电子设备中回收的金属制成的。

参与者：哦对，当时还有一项名为"都市矿山! 大家的奖牌"的计划。

讲师：下面再把所有的内存条（集合了多块集成电路的电路板）都拔出来看一看。

参与者：总共有 4 条三星的 256 MB

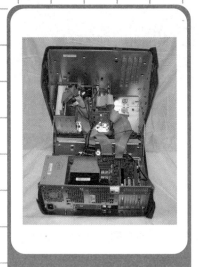

打开 Windows 个人计算机的机箱

从个人计算机上拆下来的 CPU 和内存条

内存条。256 MB × 4 = 1024 MB，为什么还有零有整的？

讲师：十进制的 1024 换算成二进制就是 10000000000，实际上是个很整齐的数字。

参与者：其他集成电路都有什么用呢？

讲师：剩余的集成电路主要是连接各种外部设备的 I/O。当时的 Windows 个人计算机有南桥和北桥两块集成电路。

参与者：还分南北啊，好像地图一样。

讲师：是的，就像地图上所示的上北下南一样，在电路图中也是北桥在上，南桥在下。

参与者：哦？计算机还有南北之分啊……

有些企业的培训师可能会觉得带领参与者拆解计算机达不到培训效果，但我认为，亲自动手拆解还是很有效的。正所谓"了解了才能喜欢上""喜欢上了才能擅长"。这就好比相较于只会驾驶汽车的人，那些时常打开发动机盖四处摆弄的人显然更喜欢汽车，所以他们绝大多数也更擅长驾驶。学习计算机也是同样的道理。

第5章

与算法成为好朋友的 7 个要点

热身问答

在阅读本章内容前，让我们先回答下面的几个问题来热热身吧。

问题

初级问题

algorithm 是什么意思？

中级问题

辗转相除法是用于计算什么的算法？

高级问题

程序中的"哨兵"指的是什么？

怎么样？被这么一问，是不是发现有一些问题无法简单地解释清楚呢？下面我会公布答案并进行解释。

答案 ·

初级问题：algorithm 是"算法"的意思。

中级问题：辗转相除法是用于计算最大公约数的算法。

高级问题："哨兵"是一种含有特殊值的数据，可用于表示字符串或链表的结尾。

解释 ·

初级问题："算法"（algorithm）一词源于一位数学家的名字，在英汉词典中译为"算法"或"计算过程"。

中级问题：最大公约数指的是两个整数的公共约数中最大的一个。使用辗转相除法就可以通过机械的步骤求出最大公约数。

高级问题：正如字符串的结尾用 0 表示，链表的结尾用 –1 表示，像 0 和 –1 这种作为特殊标志的数据就是"哨兵"。本章将展示如何在"顺序查找"算法中灵活地应用哨兵。

**本章
要点**

程序是用来在计算机上重现现实世界中的业务和娱乐活动的。为了达到这个目的，我们需要结合计算机的特性，用程序来描述现实世界中对问题的处理步骤，即处理流程。在绝大多数情况下，为了达到目的往往需要若干步处理。例如，为了达到"计算出两个数相加的结果"这个目的，就需要依次完成"输入数值""执行加法运算""展示结果"这 3 个步骤。像这样的处理步骤就是"算法"。

在算法中，既有描述程序整体大流程的算法，也有描述程序局部小流程的算法，前者在第 4 章中已经讲解过了，本章将重点介绍后者。

5.1 算法是编程语言中的"常用语"

学习编程语言与学习外语很像。为了将自己的想法完整地传达给对方，仅仅死记硬背单词和语法是不够的，还需要学会对话中的常用语，只有这样才能流利地对话。学习 C、Java、Python 等编程语言也是如此。仅仅囫囵吞枣地记忆关键词和语法是无法顺畅地和计算机交流的。只有了解算法，才能将自己的想法完整地传达给计算机，因为算法就相当于编程语言中的常用语。

"令人生畏且难以掌握""和自己无缘"，诸位是不是对算法有如此印象呢？诚然，世界中不排除有那种无法轻松理解、难以掌握的算法，但也有简单的算法，而且并不是说只有把那种由智慧超群的学者才能想出来的算法全部牢记于心才能编程。诸位不妨设计一些自己原创的算法。只要厘清现实世界中解决问题的步骤，再结合计算机的特性，就能设计出算法。设计算法也可以是一件非常有趣的事。下面，我将介绍设计算法时的要点。请诸位务必以此为契机，和算法成为朋友，体味设计算法所带来的乐趣。

5.2 要点 1：解决问题的步骤必须明确且有限

先正式地介绍一下什么是算法。如果用英汉词典去查 algorithm 的意思，那么我们得到的解释是"算法"。诸位可能也觉得这个解释很含糊，不知所云吧。

再去查查 JIS（日本工业标准），其中对算法的定义是"带有明确定义的有限规则的集合，用于通过有限的步骤解决问题。例如，在既定的精度下，把求解 sinx 的计算步骤无一遗漏地记录下来的文字"。这个定义虽然看起来晦涩，但是正确地解释了什么是算法。

如果用通俗易懂的语言来说，那么算法就是"把解决问题的步骤无一遗漏地用文字或图表描述出来"。如果把这里的"用文字或图表描述"替换为"用编程语言描述"，那么算法就变成了程序。而且请诸位注意这样一个前提，那就是"步骤必须是明确的并且步骤数必须是有限的"。

下面来看一个具体的问题，请诸位设计一个"求 12 和 42 的最大公约数"的算法。最大公约数是指两个整数的公共约数（能整除被除数的数）中最大的一个。最大公约数的求解方法诸位应该在学校的数学课上学过了：把两个数写在一排，不断地寻找能够同时整除这两个整数的除数，最后把这些除数相乘就得到了最大公约数（参见图 5-1）。

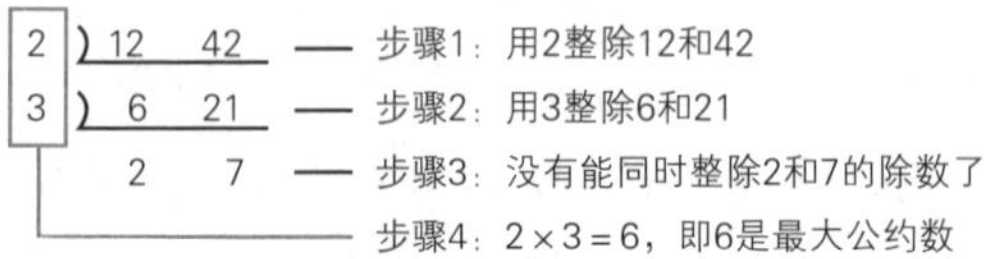

图 5-1　用数学课上学的方法求解最大公约数

用这个方法可以求出 6 是最大公约数，结果正确。但是这些步骤能够称为"算法"吗？答案是"不能"，因为步骤不够明确。

对于步骤 1 的"用 2 整除 12 和 42"和步骤 2 的"用 3 整除 6 和 21"，我们是怎么知道要这样做的呢？如何寻找能够同时整除两个数的除数在这两步中并没有体现。而对于步骤 3 的"没有能同时整除 2 和 7 的除数了"，我们又是怎么知道的呢？另外，到此为止不需要后续步骤（步骤数是有限的）的条件也不明确。

其实这些都是凭借人类的"直觉"判断的。在解决问题的步骤中，如果有了与直觉相关的因素，那就不是算法了。既然不是算法，也就无法用程序表示了。

　5.3　要点 2：计算机不靠直觉，只会机械地解决问题

由于计算机不能自发地思考，因此程序的算法中只能包含机械的步骤。"机械的步骤"意味着不用动任何脑筋，只要按照这个步骤做，就一定能达到目的。众多的学者和前辈程序员们已经发明创造出了很多解决问题的机械步骤，这些步骤并不依赖人类的直觉。由此构成的算法称为"经典算法"。

辗转相除法（又称"欧几里得算法"）就是一个机械地求解最大公约数问题的算法。辗转相除法分为使用除法运算的版本和使用减法运算的版本。本书使用更为简单易懂的减法运算版本，其步骤如图 5-2 所示：用两个数中较大的数减去较小的数（步骤），反复进行上述步骤，直到两个数相等（步骤终止的条件）。当这两个数相等时，这个数就是最大公约数。请诸位注意以下 3 点：(1) 该算法的步骤是明确的且完全不依赖直觉；(2) 步骤是机械的且不需要动脑筋就能完成；(3) 步骤终止的条件也是明确的。

12 42 步骤1：42 – 12 = 30，将30写到42的下面
（用较大的数减较小的数，将结果写到较大数的下方）

12 30 步骤2：30 – 12 = 18，将18写到30的下面
（用较大的数减较小的数，将结果写到较大数的下方）

12 18 步骤3：18 – 12 = 6，将6写到18的下面
（用较大的数减较小的数，将结果写到较大数的下方）

12 6 步骤4：12 – 6 = 6，将6写到12的下面
（用较大的数减较小的数，将结果写到较大数的下方）

6 6 步骤5：当两个数相等时，这个数就是最大公约数

图 5-2 使用辗转相除法求解最大公约数

使用辗转相除法求解 12 和 42 的最大公约数的程序代码如代码清单 5-1 所示。本章展示的程序都是用 Python 编写的。这段程序的执行结果如图 5-3 所示。诸位即使读不懂其中的代码也没关系，这里需要注意的是该算法所描述的步骤是可以直接转换成程序的。

代码清单 5-1 求解 12 和 42 最大公约数的程序

```
a = 12
b = 42
while a != b:
    if a > b:
        a -= b
    else:
        b -= a
print(f"最大公约数是 {a}。")
```

最大公约数是 6。

图 5-3 代码清单 5-1 的执行结果

5.4 要点 3：掌握经典算法

我建议每个程序员都准备一本能作为算法辞典的书，就像新入职的员工为了书写商务文书去买"商务文书范文"方面的书一样。虽然算法应该由诸位自己设计，但如果遇到了无从下手的问题，那么也可以先从算法辞典中查找已经发明出来的算法。

作为程序员的修养，表 5-1 中列出了我认为至少应该了解的经典算法。这些算法包括刚刚介绍过的求解最大公约数的"辗转相除法"、判定素数的"埃拉托斯特尼筛法"（将在后面介绍）、检索数据的 3 种算法以及排列数据的两种算法。记住这些经典算法固然好，但是也请诸位绝不要丢掉自己设计算法的习惯。

表 5-1　主要的经典算法

名称	用途
辗转相除法	求解最大公约数
埃拉托斯特尼筛法	判定素数
顺序查找	检索数据
二分查找	检索数据
哈希查找	检索数据
冒泡排序	排列数据
快速排序	排列数据

再试着思考一个具体问题吧。这次请设计一个"求解 12 和 42 的最小公倍数"的算法。所谓最小公倍数，就是指两个整数的公共倍数（是一个数几倍的数）中最小的一个。最小公倍数的求解方法诸位在学校的数学课上应该也学过，但是很可惜求解步骤依然依赖人类的直觉。因此，我们需要再设计一个适用于计算机的机械的算法。诸位说不定会

想"反正会有经典算法，比如'某某氏的某某法'"，然后就纠结于是否还要自己思考。

但是，即使查了算法辞典之类的书，也找不到求解最小公倍数的算法。这是为什么呢？因为我们可以通过以下方法求解最小公倍数——用两个整数的乘积除以这两个整数的最大公约数。因此 12 和 42 的最小公倍数就是 $12 \times 42 \div 6 = 84$。如此简单的算法不能算作经典算法。这个例子说明"先自己设计算法，然后再应用经典算法"这一点很重要。

5.5　要点 4：利用计算机的处理速度

这次请诸位再设计一个"判定 91 是否为素数"的算法。在用于判定素数的经典算法中，有一个称为"埃拉托斯特尼筛法"的算法。在学习这个算法之前，我们先来想一想如果是在数学考试中碰到了这道题，那么该如何解答呢？

也许有人会这样想：用 91 分别除以大于 1 且比它小的所有正整数，如果没有找到能够整除它的数，那么 91 就是素数。但是，如此烦琐的步骤可行吗？实际上这恰恰是正确答案。埃拉托斯特尼筛法是一种用于把某个范围内的所有素数都筛选出来的算法，比如筛选 100 以内的所有素数的基本思路是，用待判定的数除以大于 1 且比它小的所有正整数。如果要判定 91 是不是素数，那么只要用 91 分别除以 2～90 的每个数就可以了（因为 1 肯定能够整除任何数，所以从 2 开始检测）。这个步骤用程序描述的话，就变成了如代码清单 5-2 所示的代码。% 是用于求除法运算中余数的运算符。如果余数为 0 则表示可以整除，由此也就知道待判定的数不是素数了。程序执行结果如图 5-4 所示。

代码清单 5-2　判定是不是素数的程序

```
a = 91
ans = "是素数。"
n = 2
n_max = a - 1
while n <= n_max:
    if a % n == 0:
        ans = "不是素数。"
        break
    n += 1
print(f"{a}{ans}")
```

91 不是素数。

图 5-4　代码清单 5-2 的执行结果

　　无论多么冗长烦琐的步骤，只要是明确且机械的，就能构成优秀的算法。诸位如果把判定 91 是不是素数的算法用程序描述出来让计算机去执行，那么一定会感受到计算机那令人吃惊的执行速度。用 91 除以 2~90 这 89 个数的操作一瞬间就可以完成。诸位在设计算法时要时刻牢记，可以利用计算机的处理速度来解决问题。

　　另一个利用计算机的处理速度来解决问题的典型示例是鸡兔同笼问题：鸡和兔子共计 10 只，它们的脚加起来共计 32 只，问鸡和兔子分别有多少只？设有 x 只鸡，y 只兔子，那么就可以列出如下的联立方程组。

$$\begin{cases} x+y=10 & \cdots\cdots鸡和兔子共计10只 \\ 2x+4y=32 & \cdots\cdots脚加起来共计32只 \end{cases}$$

因为鸡和兔子的只数都在 0～10 这个范围内，所以我们可以试着把 0～10 中的每个数依次代入 x 和 y，只要能够找到使这两个方程同时成立的数值就求出了答案。利用计算机的处理速度，答案一瞬间就出来了（参见代码清单 5-3 和图 5-5 ）。

代码清单 5-3　求解鸡兔同笼问题的程序

```
max = 10
x = 0
while x <= max:
    y = 0
    while y <= max:
        if (x + y == 10) and (2 * x + 4 * y == 32):
            print(f"鸡 ={x}, 兔子 ={y}")
            y = max + 1
            x = max + 1
        else:
            y += 1
    x += 1
```

鸡 = 4, 兔子 = 6

图 5-5　代码清单 5-3 的执行结果

5.6　要点 5：使用编程技巧提升程序执行速度

解决同一问题的算法未必只有一种。在比较解决同一问题的多种算法的优劣时，可以认为转化为程序后，执行时间较短的算法更为优秀。虽然计算机的处理速度快得惊人，但是当处理的数据数值巨大或是数量繁多时还是要花费大量时间。例如，判定 91 是不是素数一下子就会有结果，可是如果要判定 999 999 937 是不是素数，那么我的计算机就要花费大约 165 秒之久（言外之意 999 999 937 是素数）。

有时只要稍微加入一些技巧，就能大幅缩短算法的处理时间。在判定素数的算法中，原先的过程是用待判定的数除以大于 1 且比它小的所有正整数，只要在此之上加入一点儿技巧，改成用待判定的数除以所有大于 1 且小于等于它的 1/2 的正整数，处理时间就会缩短。之所以改成这样，是因为没有必要去除以比它的 1/2 还大的正整数。仅通过这一点儿改进，除法运算的处理时间就能够缩短 1/2。如果仅除以大于 1 且小于等于待判定数的平方根的所有正整数，则还可以进一步缩短处理时间。[①]

还有一个著名的技巧叫作"哨兵"。这个技巧多用在顺序查找（从一组数据中查找目标数据）等算法中。顺序查找的基本过程是在若干个数据中从头到尾逐一比对，直到找到目标数据。

下面来看一个具体示例。假设有编号为 1～100 的 100 只箱子，每只箱子中都装着一个写有数字的纸条。现在我们要从这 100 只箱子当中找出写有特定数字的纸条。

首先来看不使用哨兵的方法。从第一只箱子开始依次检查每只箱子中纸条上的数字。每检查完一个纸条，还要再检查箱子的编号（用变量 N 表示），以确认其编号是否已超过最后一个编号。这个过程的流程图如图 5-6 所示。

---

① 如果一个正整数 A 能够整除待判定的数，那么待判定的数就可以用 A 和另一个正整数 B 的乘积来表示，即"待判定的数 $=A \times B$"。如果从 2 开始查找，一直到待判定的数的平方根为止，依然找不到能够整除待判定的数的正整数 A，那么就无须再检查任何大于待判定数的平方根的正整数了。这是因为"待判定的数 ＝ 待判定的数的平方根 × 待判定的数的平方根"。

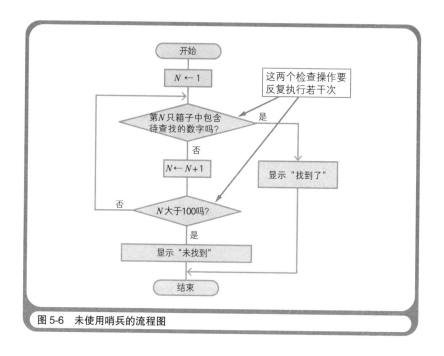

图 5-6　未使用哨兵的流程图

　　虽然图 5-6 所示的过程看起来没什么问题，但是实际上含有不必要的处理——每回都要检查箱子的编号有没有超过 100。

　　为了消除这种不必要的处理，我们添加了一只 101 号箱子，其中预先放入了写有待查找数字的纸条。这个纸条就是"哨兵"。通过放入哨兵，就可以找到写有待查找数字的纸条了。找到这样的纸条后，如果该箱子的编号还没有到 101，那么就意味着找到了真正的纸条；如果该箱子的编号是 101，则意味着找到的是哨兵。使用了哨兵的流程图如图 5-7 所示。需要多次反复检查的就只剩下"第 N 只箱子中包含写有待查找数字的纸条吗？"这一点了，程序的执行时间也因此大幅缩减了。

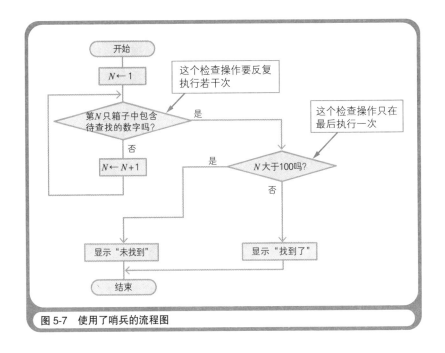

图 5-7 使用了哨兵的流程图

当我第一次得知哨兵的作用时，在感叹其巧妙的同时感到异常兴奋。有些读者会感到"不太明白巧妙在哪里"，那么我就再通过一个故事来解释一下哨兵的作用吧。假设某个漆黑的夜晚，你在海岸的悬崖边上玩一个游戏（请勿亲身尝试）。你就站在距悬崖边缘 100 米的地方，地上每隔 1 米有一件物品。请从这些物品中找出苹果。

你每前进 1 米就要捡起地上的物品，检查是不是苹果，同时还要检查有没有到达悬崖的边缘（不检查的话再前进 1 米就掉到海里了）。也就是说，你要反复进行这两种检查。

使用了哨兵以后，可以先把起点挪到距悬崖边缘 101 米的地方，再在悬崖的边缘放置一个苹果（参见图 5-8）。这个苹果就是"哨兵"。通过放置哨兵，就一定能够找到苹果。接下来每前进 1 米只需检查捡到的物品是不是苹果即可。发现是苹果以后，只需看看脚下的位置。如果还没有到达悬崖边缘，就意味着找到了真正要找的苹果。如果已经到达了悬崖边缘，则说明现在找到的苹果是哨兵，并不是真正要找的苹果。

图 5-8　使用了哨兵的游戏

5.7　要点 6：找出数字间的规律

　　所有信息都可以用数字表示——这是计算机的特性之一。因此算法可以经常利用隐含在数字间的规律。例如，请设计一个判断"石头剪刀布游戏"胜负的算法。如果分别用数字 0、1、2 表示石头、剪刀、布，用变量 a 表示玩家 A 做出的手势，用变量 b 表示玩家 B 做出的手势，那么变量 a 和变量 b 中存储的值就是这 3 个数中的一个。请以此判断玩家 A 和玩家 B 的胜负。

　　最直接的算法是通过枚举表 5-2 中列出的 3×3 = 9 种组合来判断胜负。这张表格可以转换成代码清单 5-4 中的代码。可以看出这种判断方法冗长而又枯燥（代码清单 5-4 和代码清单 5-5 列出的都只是程序的一部分，不能直接运行）。

表 5-2 判断"石头剪刀布游戏"胜负

变量 *a* 的值	变量 *b* 的值	判定结果
0（石头）	0（石头）	平局
0（石头）	1（剪刀）	玩家 A 获胜
0（石头）	2（布）	玩家 B 获胜
1（剪刀）	0（石头）	玩家 B 获胜
1（剪刀）	1（剪刀）	平局
1（剪刀）	2（布）	玩家 A 获胜
2（布）	0（石头）	玩家 A 获胜
2（布）	1（剪刀）	玩家 B 获胜
2（布）	2（布）	平局

代码清单 5-4 判断"石头剪刀布游戏"胜负的程序（方法一）

```
if a == 0 and b == 0:
    print(" 平局 ")
elif a == 0 and b == 1:
    print(" 玩家 A 获胜 ")
elif a == 0 and b == 2:
    print(" 玩家 B 获胜 ")
elif a == 1 and b == 0:
    print(" 玩家 B 获胜 ")
elif a == 1 and b == 1:
    print(" 平局 ")
elif a == 1 and b == 2:
    print(" 玩家 A 获胜 ")
elif a == 2 and b == 0:
    print(" 玩家 A 获胜 ")
elif a == 2 and b == 1:
    print(" 玩家 B 获胜 ")
elif a == 2 and b == 2:
    print(" 平局 ")
```

接下来可以试着加入一些技巧来简化判断方法。请仔细观察表 5-2

并找出数字间的规律，这个规律可以简单地判断出是玩家 A 获胜、玩家 B 获胜，还是平局这 3 种结果。可能需要习惯一下思维上的转变，但最终应该可以发现如下规律。

- 如果变量 *a* 等于变量 *b* 就是"平局"。
- 如果用 *b* + 1 除以 3 得到的余数等于变量 *a* 就是"玩家 B 获胜"。
- 其余的情况都是"玩家 A 获胜"。

用程序来描述这个规律就得到了代码清单 5-5 所示的代码。相较于代码清单 5-4 中没有使用任何技巧的代码，代码清单 5-5 的处理过程变简单了，代码也更加精练了。当然程序的执行速度也会随之提升。

代码清单 5-5　判断"石头剪刀布游戏"胜负的程序（方法二）

```
if a == b:
    print(" 平局 ")
elif a == (b + 1) % 3:
    print(" 玩家 B 获胜 ")
else:
    print(" 玩家 A 获胜 ")
```

作为算法的技巧，找出数字间的规律不仅适用于数学游戏，也适用于应用程序。例如，在编写用于计算工资的应用程序时，计算工资的规则也算是一种数字上的规律。如果能够发现"工资 = 底薪 + 加班补贴 + 交通补贴 − 预扣税款"这样的规律，那么解决问题的步骤就是明确的，步骤数也是有限的，因此设计出的算法也就是优秀的了。

5.8　要点 7：先在纸上设计算法

最后介绍最为重要的一点，那就是设计算法的时候，最好先在纸上用文字或图表描述出解决问题的步骤，而不是立刻开始编写代码。

诸位可以充分使用流程图表示算法，如果不想画图，那么也可以用文字把算法描述出来，写成文档。总之"先画到或写到纸上"这一点很重要。

在纸上画完或写完流程以后，还要通过代入具体的数据来跟踪处理流程，并确认能否得到预期的结果。在验算的时候，建议使用简单的数据，这样即使是心算也能得出正确的结果。例如，可以先使用较小的数来验证辗转相除法的流程，这样就算是用学校所学的求解步骤也能求出最大公约数。如果使用较大的数 [比如 123 456 789 和 987 654 321（最大公约数是 9）] 来验算，恐怕就难以跟踪处理流程了。

☆　　　☆　　　☆

曾经有一本被誉为"凡是立志成为程序员的人都应该去读"的名著，那就是 Niklaus Wirth 所著的 *Algorithms + Data Structures = Programs*。

要在网上搜索这本书的话，会查到多达数 10 本以"算法和数据结构"为主题的图书。光看这些书名就可以知道，如果只了解算法，那么编程的知识是不完整的，因此还必须考虑和算法相辅相成的数据结构。接下来的第 6 章中将会讲解数据结构。

第6章
与数据结构成为好朋友的 7 个要点

热身问答

在阅读本章内容前，让我们先回答下面的几个问题来热热身吧。

初级问题

程序中的变量是什么？

中级问题

把若干个数据沿直线排列起来的数据结构叫作什么？

高级问题

栈和队列的区别是什么？

怎么样？被这么一问，是不是发现有一些问题无法简单地解释清楚呢？下面我会公布答案并进行解释。

答案

初级问题：程序中的变量是数据的容器。

中级问题：把若干个数据沿直线排列起来的数据结构叫作"数组"。

高级问题：栈的数据存取方式是 LIFO；队列的数据存取方式是 FIFO。

解释

初级问题：变量是数据的容器，变量中存储的数据是可以改变的。变量的实质是与所存储数据的大小相应的一块内存空间。

中级问题：使用数组可以提高处理大量数据的效率。数组的实质是大小相同的若干块连续的内存空间。

高级问题：LIFO（Last In First Out，后进先出）表示优先读取后存入的数据；FIFO（First In First Out，先进先出）表示优先读取先存入的数据。本章将详细讲解栈和队列的结构。

本章要点

第 5 章中曾这样描述过算法：程序是用来在计算机上重现现实世界中的业务和娱乐活动的。为了达到这个目的，我们需要结合计算机的特性，用程序来描述现实世界中对问题的处理步骤，即处理流程。本章的主题是数据结构，也就是如何结合计算机的特性，用程序来描述现实世界中的数据结构。

我们应该把算法（处理问题的步骤）和数据结构（作为处理对象的数据的排列方式）这两者放到一起考虑，选用匹配的算法和数据结构解决问题。本章会依次讲解数据结构的基础、必知必会的经典数据结构以及如何用程序实现经典数据结构。本章的示例代码全部由适用于学习算法和数据结构的 C 语言编写。为了让不懂 C 语言的读者也能读懂，我会采取简单易懂的说明，请诸位不要担心。另外，为了易于理解，文中只展示了程序中的核心片段，省略了错误处理等环节，这一点还请诸位谅解。

6.1　要点 1：了解内存和变量的关系

计算机处理的数据都存储在称为"内存"的集成电路中。在一般的个人计算机中，内存内部有若干个数据存储单元，每个单元可以存储 8 比特（8 比特 =1 字节）[①] 的数据。为了区分各个单元，每个单元都被分配了一个唯一的编号，这个编号称为"地址"。如果一台个人计算机装配有 4 GB 的内存，那么地址范围就是 0～4 G（1 G = 2^{30}）。

因为依靠指定内存地址来编程太过麻烦，所以在 C、Java、Python 等几乎所有的编程语言中都有变量的概念，我们可以通过变量把数据

[①]　在第 2 章介绍的 COMET II 中，内存内部存储单元的容量为 16 比特，但在一般的个人计算机中，存储单元的容量为 8 比特。

存储进内存，或使用变量存储从内存中读取出的数据。代码清单 6-1 是一段用 C 语言编写的程序，用于把数值 123 存入变量 a 中，其中用 /* 和 */ 括起来的内容是 C 语言的注释。

代码清单 6-1　把 123 存入变量 a 中

```
char a;   /* 定义变量 */
a = 123; /* 把数据存入变量 */
```

请看后面注释有"定义变量"的这一行代码 char a;。char[1] 是 C 语言的一种数据类型，该类型可用于存储 1 字节的整数。这一行代码的作用是在内存中分配一块空间，并将这块空间命名为 a。

我们并不需要知道变量 a 存储在内存空间中哪个地址对应的存储单元中，因为当程序运行时是由操作系统为我们从尚未使用的内存空间中划分出一部分分配给变量 a 的。如图 6-1 所示，变量是程序中最小的数据存储单位，每个变量都对应一块内存空间。

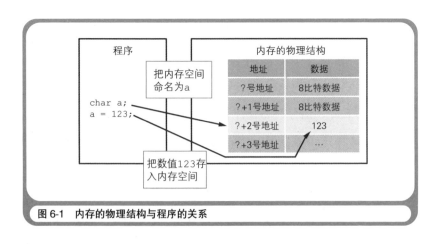

图 6-1　内存的物理结构与程序的关系

---

[1]　char 类型的变量主要用于存储字符，但也可以存储非字符类型的数据。char 是 character（字符）的缩写。

如果完全不了解数据结构，那么编程时就只能一个挨一个地定义若干个单独的变量。要是程序可以按照预期运行，以这种方式编程倒也可以。但如果还要用这种方式给数据排序，恐怕就有些困难了。

代码清单 6-2 中列出了一段按降序（从大到小的顺序）排列 3 个数据的程序。首先，把 3 个数据分别存入 a、b、c 这 3 个变量中。然后使用 if 语句（相当于第 4 章中介绍过的 Python 中的 if 程序块）一对一对地比较变量的值，并根据比较结果交换变量的值，交换时还需要用到名为 tmp 的临时变量。

代码清单 6-2 按降序排列存入 3 个变量中的数据

```
/* 定义变量 */
char a, b, c, tmp;

/* 把数据存入变量 */
a = 123;
b = 124;
c = 125;

/* 按降序排列 */
if (b > a) {
    tmp = b;
    b = a;
    a = tmp;
}

if (c > a) {
    tmp = c;
    c = a;
    a = tmp;
}

if (c > b) {
    tmp = c;
    c = b;
    b = tmp;
}
```

虽然代码清单 6-2 中的程序可以正常运行[1]，但是处理过程（算法）非常啰唆。如果需要排序的数据有 1000 个，那么就需要定义 1000 个变量，而用于比较其中数值大小的 if 语句会多达数十万个。应该没有人愿意编写这么麻烦的程序吧。也就是说，有时只依靠单独的变量无法实现算法。

6.2　要点 2：了解作为数据结构基础的数组

在实际应用的程序中往往需要处理大量的数据，比如那些用于统计 1000 名职员的工资之类的程序。这类程序在存储数据时使用的是"数组"，而不是 1000 个单独的变量。使用数组不仅可以同时定义多个变量，还可以提高编程效率。

在 6.1 节的示例中，我们定义了 a、b、c 这 3 个单独的变量，其实定义一个含有 3 个元素（包含 3 个数据）的数组也相当于定义了 3 个变量。在用 C 语言编写的程序中，可以通过指定数组名和数组所包含的元素个数来定义数组，如代码清单 6-3 所示。

代码清单 6-3　使用含有 3 个元素的数组

```
char x[3];  /* 定义数组 */
x[0] = 123; /* 把数据存入数组的第 0 个元素中 */
x[1] = 124; /* 把数据存入数组的第 1 个元素中 */
x[2] = 125; /* 把数据存入数组的第 2 个元素中 */
```

实际上，数组是为了存储多个数据而在内存上集中分配的一块内存空间，作为整体，这块空间有一个名字。在代码清单 6-3 中，通过定义数组，操作系统分配出了一块用于存储 3 个数据的内存空间，并将这块空间命名为 x。可以通过在 [和] 之间指定序号（索引）来访问数组中各元素对应的内存空间。

---

① 需注意代码清单 6-2 给出的只是代码片段，无法直接运行。——译者注

在本例中，char　x[3];这条语句分配出了整个数组所需的内存空间，其中每个元素的内存空间可以通过x[0]、x[1]、x[2]的方式进行访问。虽然本质上还是定义出了x[0]、x[1]、x[2]这3个变量，但是比起单独使用a、b、c，使用数组可以提升编程效率，进而有助于实现排序等算法。具体示例稍后将会展示。

数组是数据结构的基础，之所以这么说，是因为数组反映出了内存的物理结构。在内存中，用于存储数据的空间是连续分布的。而程序要使用从内存中分配的空间。如果用程序中的语句来表示这种分配和使用方式，那么就要用到数组，如图6-2所示。

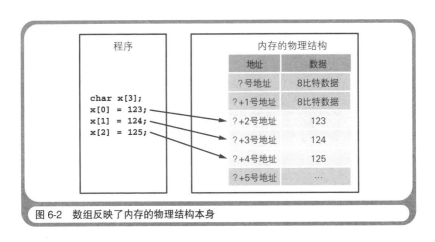

图6-2　数组反映了内存的物理结构本身

⬤ 6.3　要点3：了解数组在经典算法中的应用

数组是数据结构的基础，使用数组可以实现多种用于处理大量数据的算法。代码清单6-4中的程序使用了第5章中介绍的名为"顺序查找"的经典算法，该算法用于从数组x存储的1000个数字中查找（搜索）777这个数字。这段程序没有使用"哨兵"。

代码清单 6-4　使用顺序查找算法查找数据

```c
for (i = 0; i < 1000; i++) {
    if (x[i] == 777) {
        printf("777 存储在第 %d 个元素中! \n", i);
        break;
    }
}
```

在 C 语言中, for 语句 (相当于第 4 章中介绍过的 Python 中的 while 程序块) 具备反复执行某种处理的功能。因此, 为了从头到尾依次处理数组中的每个元素, 往往就需要使用 for 语句。除了数组 x, 这段程序还定义了一个变量 i, 在 for 后面的小括号中, 写有使变量 i 从 0 开始到 999 为止 (到 1000 之前), 随着循环的进行, 每循环一次就增加 1 的代码, 即 for (i = 0; i < 1000; i++) {。

在 C 语言中, 程序块 (具有一定意义的语句集合) 是用 { 和 } 括起来的若干条语句。写在 for 语句当中的 if 语句会随着变量 i 的值的增加最多反复执行 1000 次。在这里, if 语句的作用是判断当前的数字 (第 i 个元素) 是不是 777, 一旦找到了 777, 就通过 break 语句退出循环。

像 i 这样的用于记录循环次数的变量通常称为 "循环计数器" (loop counter)。数组的方便之处就在于可以把循环计数器的值作为数组的索引使用, 如图 6-3 所示。

循环计数器的值	待处理的数组中的元素
0	x[0](数组的开头)
1	x[1]
2	x[2]
…	…
999	x[999](数组的结尾)

查找 777

图 6-3　把循环计数器的值和数组的索引对应起来

接下来使用名为"冒泡排序"的经典算法将存储在数组中的 1000
个数字按升序（从小到大的顺序）排列（参见代码清单 6-5）。在冒泡排
序算法中，需要从头到尾地比较数组中每对相邻元素的值，然后反复
交换较大的值和较小的值的位置。

代码清单 6-5　通过冒泡排序算法排列数据

```
for (i = 0; i < 999; i++) {
    for (j = 999; j > i; j--) {
        if (x[j - 1] > x[j]) {
            temp = x[j];
            x[j] = x[j - 1];
            x[j - 1] = temp;
        }
    }
}
```

诸位没有必要去深究这段代码的流程，只要粗略浏览一下抓住大
意就可以了，之后展示出的代码也是如此。总之，只需要使用数组和
for 语句，就可以实现顺序查找和冒泡排序算法。

6.4　要点 4：了解经典数据结构的特点

数组是一种直接利用计算机内存的物理结构来实现的最基础的数
据结构。只需要使用 for 语句，就可以依次处理数组中存储的数据，
实现多种算法。但是，在现实世界中还有一些仅凭数组无法实现的数
据结构，比如有的数据结构可以把数据堆积得像小山一样，有的数据
结构可以把数据排成一队，有的数据结构可以任意改变数据的排列顺
序，还有的数据结构可以把数据排列成两路，等等。为了用程序模拟
这些数据结构，就必须设法改造数组，但是与之相应的内存的物理结
构又是无法改变的。这可怎么办呢？

就像在算法中有经典算法一样，在数据结构中也有由老一辈程序

员发明创造的经典数据结构（参见表 6-1）。这些数据结构其实都是通过程序从逻辑上改变了内存的物理结构（数据连续分布在内存上的状态）。接下来我会介绍几种经典数据结构，请诸位抓住它们各自的特点。

表 6-1　主要的经典数据结构

名称	特点
栈	把数据堆积得像小山一样
队列	把数据排成一队
链表	可以任意改变数据的排列顺序
二叉树	把数据排列成两路

"栈"（stack）的本意是"干草堆"（参见图 6-4）。在牧场中，把喂养牲畜的干草从下往上不断地堆积起来，就会形成一座小山。这里的干草就相当于程序中的数据。而在给牲畜喂食时，要按照从上往下的顺序先把顶部的干草（数据）取下来。也就是说，干草（数据）的使用顺序与堆积顺序是相反的。这种数据存取方式称为"LIFO"（Last In First Out，后进先出），即最后存入的数据是最先处理的。在实际的业务中，可以用栈来模拟堆积在桌子上的文件等场景。既然无法马上处理，就暂且先堆放在栈里吧。

图 6-4　栈的示意图

"队列"（queue）就好比是日常生活中人们在车站或游乐园的购票窗口前排成的队伍（参见图 6-5）。与栈正好相反，在队列中，排在队头的乘客可以最先买到票。这种数据存取方式通常称为"FIFO"（First In First Out，先进先出），即最先存入的数据也是最先处理的。如果无法一下子处理完所有数据，则可以暂且把这些数据排成一队。稍后我们会介绍队列的数据结构，其实现方式之一是把数组首尾相连，形成一个圆环，用环形数组表示队列。

图 6-5 队列的示意图

"链表"就好比是几个人手拉着手站成一排（参见图 6-6）。只要改变拉手的顺序，这一排人（相当于数据）的排列顺序就会改变。而只要先松开拉住的手，再让一个新人加入进来并拉住他的手，就相当于完成了数据的插入操作。

正如其名，"二叉树"这种数据结构就相当于一棵树。不过这棵树与自然界中的树稍有不同。虽然二叉树也是从树干开始分权，每根树枝上又有分权，但每次最多只会分为两权，而且树叶（相当于数据）只能位于每个分权点上（参见图 6-7）。稍后诸位就会了解到二叉树其实是链表的特殊形态。

图 6-6　链表的示意图

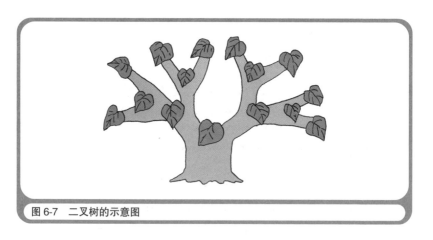

图 6-7　二叉树的示意图

6.5　要点 5：了解栈和队列的实现方法

　　栈和队列的相似点在于，二者都可以暂时存储无法立刻处理的数据；不同点在于，栈对数据的存取方式是 LIFO，而队列对数据的存取方式是 FIFO。下面我就来讲解一下如何用程序表示这两种数据结构。同样是数组，如果处理手段不同，那么得到的数据结构就不同。数组既可以表示栈，又可以表示队列。

在实现栈这种数据结构时，首先要定义一个数组和一个变量。数组中元素的个数就是栈的容量（栈中最多能存放多少个数据）。变量中则存储着一个索引，该索引指向存储在栈中最顶端的数据，这个变量称为"栈顶指针"。栈的容量可以根据程序的需求任意指定。假设需要一个最多能存储100个数据的栈，那么就可以定义一个元素数为100的数组。这个数组就是栈的基础。接下来需要编写两个函数：一个函数用于把数据存入栈中，也叫作压入栈中；另一个函数用于把数据从栈中取出来，也叫作从栈中弹出来。这两个函数都会更新栈中所存储的数据的个数，以及栈顶指针的位置。也就是说，使用数组、栈顶指针、入栈函数和出栈函数，就能实现栈这种数据结构（参见代码清单6-6和图6-8）[①]。

代码清单6-6　使用数组、栈顶指针、入栈函数和出栈函数实现栈

```
char Stack[100];          /* 作为栈基础的数组 */
char StackPointer = 0;    /* 栈顶指针 */

/* 入栈函数 */
void Push(char Data) {
    /* 把数据存入栈顶指针所指的位置 */
    Stack[StackPointer] = Data;
    /* 更新栈顶指针的值 */
    StackPointer++;
}

/* 出栈函数 */
char Pop() {
    /* 更新栈顶指针的值 */
    StackPointer--;
    /* 把数据从栈顶指针所指的位置取出来 */
    return Stack[StackPointer];
}
```

---

① 为了保持程序简单，代码清单6-6中既省略了从空栈（没有元素的栈）中取出数据的检查，也省略了向已经满了的栈中存入元素的检查。

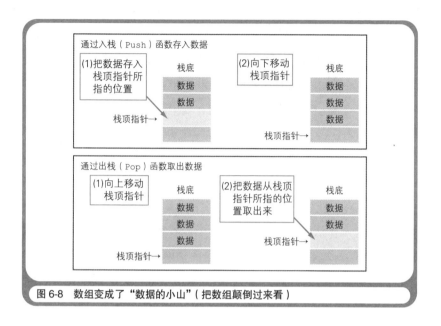

图 6-8 数组变成了"数据的小山"（把数组颠倒过来看）

实现队列则需要以下元素：(1) 一个任意大小的数组；(2) 一个存放队首数据对应的索引的变量；(3) 一个存放队尾数据对应的索引的变量；(4) 一对函数，分别用于把数据插入队尾和从队首取出数据。如果数据一直存放到了数组的末尾（队尾），那么下一个存储位置就会折回到数组的开头（队首）。这样就相当于把数组首尾相接，虽然数组的物理结构还是"直线"，但是其逻辑结构已经变成了"圆环"（参见代码清单 6-7 和图 6-9）[①]。

代码清单 6-7 使用一个数组、两个变量和一对函数实现队列

```
char Queue[100];      /* 作为队列基础的数组  */
char SetIndex = 0;   /* 标记数据插入位置的索引  */
char GetIndex = 0;   /* 标记数据取出位置的索引  */

/* 插入数据的函数 */
void Set(char Data) {
```

---

① 同样，为了保持程序简单，代码清单 6-7 中既省略了从空队列（没有元素的队列）中取出数据的检查，也省略了向已经满了的队列中插入元素的检查。

```
    /* 插入数据 */
    Queue[SetIndex] = Data;
    /* 更新标记数据插入位置的索引 */
    SetIndex++;
    /* 如果索引已到达数组的末尾则折回到开头 */
    if (SetIndex >= 100) {
        SetIndex = 0;
    }
}

/* 取出数据的函数 */
char Get() {
    char Data;
    /* 取出数据 */
    Data = Queue[GetIndex];
    /* 更新标记数据取出位置的索引 */
    GetIndex++;
    /* 如果索引已到达数组的末尾则折回到开头 */
    if (GetIndex >= 100) {
        GetIndex = 0;
    }
    /* 返回取出的数据 */
    return Data;
}
```

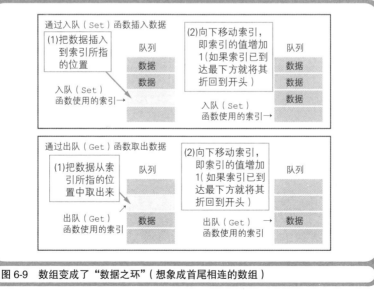

图 6-9 数组变成了"数据之环"（想象成首尾相连的数组）

6.6　要点 6：了解结构体的构成

如果想理解用 C 语言实现链表和二叉树的方法，就必须先了解何谓"结构体"。所谓结构体，就是把若干数据项汇集到一处并赋予名称后形成的整体。例如，可以把学生的语文、数学和英语的考试成绩汇集起来，构成一个名为 TestResult 的结构体（参见代码清单 6-8）。

代码清单 6-8　汇集了若干个数据项的结构体

```
struct TestResult {
    char Chinese;    /* 语文成绩 */
    char Math;       /* 数学成绩 */
    char English;    /* 英语成绩 */
};
```

C 语言中结构体的定义方法是：先在 struct 这个关键词后面接上结构体的名字（结构体的标签），然后在名字后面接上用 { 和 } 括起来的程序块，并在程序块中列出若干个数据项。

我们可以把定义好的结构体当作数据类型，用它来定义变量。如果把结构体 TestResult 当作数据类型定义出了一个名为 xiaoming 的变量（代表小明的成绩），那么在内存上就会相应地分配出一块空间，这块空间由存储 Chinese、Math 和 English 这 3 个成员所需的空间组成。结构体中的每个数据项都是"结构体的成员"。在为结构体的成员赋值或是读取成员的值时，可以使用形如 xiaoming.Chinese（表示小明的语文成绩）的表达式，即以 . 分割变量和结构体的成员（参见代码清单 6-9）。

代码清单 6-9　结构体的使用方法

```
struct TestResult xiaoming; /* 把结构体作为数据类型来定义变量 */
xiaoming.Chinese = 80;      /* 为 Chinese 成员赋值 */
xiaoming.Math = 90;         /* 为 Math 成员赋值 */
xiaoming.English = 100;     /* 为 English 成员赋值 */
```

如果要编写一个用于处理 100 名学生考试成绩的程序，就需要定义一个以 TestResult 为数据类型且包含 100 个元素的数组。通过定义该数组，就在内存上分配出了一块能够存储 100 个数据的空间，每个数据中都含有 Chinese、Math 和 English 这 3 个数据项（参见图 6-10）。接下来只要巧妙地运用结构体的数组就可以实现链表和二叉树了。

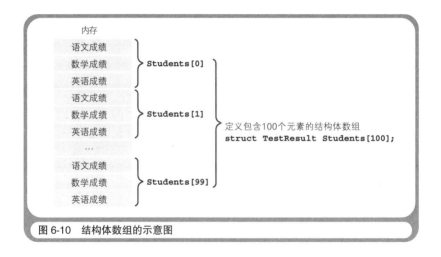

图 6-10　结构体数组的示意图

6.7　要点 7：了解链表和二叉树的实现方法

下面先来看看如何使用结构体的数组实现链表。链表是一种类似于数组的数据结构，只不过链表中的每个元素都好像和其他元素"手拉着手"。在现有的以结构体 TestResult 为数据类型的数组 Students[100] 中，为了让元素"把手拉起来"，还需要在该结构体中添加一个成员（参见代码清单 6-10）。

代码清单 6-10　带有指向其他元素指针的自我引用结构体

```
struct TestResult {
    char Chinese;            /* 语文成绩 */
    char Math;               /* 数学成绩 */
    char English;            /* 英语成绩 */
    struct TestResult *Ptr; /* 指向其他元素的指针 */
};
```

诸位请注意，这里在结构体 TestResult 中添加了这样一个成员：struct TestResult *Ptr;。

本节不会详细分析 struct TestResult *Ptr; 这条语句，简而言之，这里的 Ptr 成员存储着数组中另一个元素的地址。在 C 语言中，存储着地址的变量称为"指针"。这里的 *（星号）就是指针变量的标志。可以看到，Ptr 是以结构体 TestResult 的指针（struct TestResult *）为数据类型的成员。这种特殊的结构体称为"自我引用结构体"。之所以叫这个名字，是因为在结构体 TestResult 的成员中，出现了以该结构体的指针为数据类型的成员，即结构体中又引用了自身。

在结构体 TestResult（已变为自我引用结构体）的数组中，每个元素都含有学生的语文、数学和英语成绩以及 Ptr 成员。Ptr 中存储着元素该与哪个元素相连（手拉手）的信息，即下一个元素的地址。在链表的初始状态中，Ptr 的值为数组中下一个元素的内存地址（参见图 6-11）。

接下来就是链表的有趣之处了。既然 Ptr 中存储着下一个数组元素的位置信息，那么只要替换 Ptr 的值，就应该可以重新排列数组中的元素，使元素的排列顺序不同于其在内存上的排列顺序。我们先把数组元素 A 的 Ptr 值改为元素 C 的地址，然后再把元素 C 的 Ptr 值改为元素 B 的地址。这样一来，原有的排列顺序 A → B → C 就变成了A → C → B（参见图 6-12）。

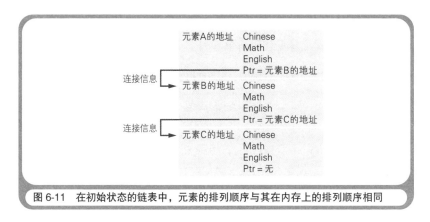

图 6-11　在初始状态的链表中，元素的排列顺序与其在内存上的排列顺序相同

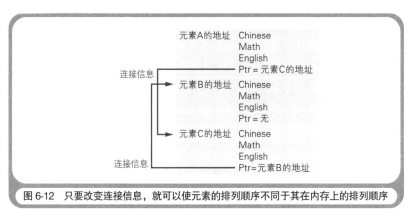

图 6-12　只要改变连接信息，就可以使元素的排列顺序不同于其在内存上的排列顺序

为什么说链表很方便呢？如果不使用链表该如何对大量数据进行排序呢？答案是不得不改变元素在内存上的排列顺序。变更顺序不仅会改变大量数据的位置，而且会增加程序的处理时间。如果使用了链表，那么只需要变更 Ptr 的值就可以对元素进行排序了，程序的处理时间也会缩短。删除元素和插入元素时也可以利用"变更 Ptr 的值"这个技巧来提升程序的效率。为了便于处理大量的数据，程序中会广泛使用链表，不使用链表的情况倒是很少见。

只要明白了链表的结构，二叉树的实现方法就不难理解了。二叉树用的还是自我引用结构体，只不过该自我引用结构体带有两个存储着连接信息的成员（参见代码清单 6-11）。

代码清单 6-11　带有两个连接信息的自我引用结构体

```
struct TestResult {
    char Chinese;                /* 语文成绩 */
    char Math;                   /* 数学成绩 */
    char English;                /* 英语成绩 */
    struct TestResult *Ptr1; /* 指向其他元素的指针 1 */
    struct TestResult *Ptr2; /* 指向其他元素的指针 2 */
};
```

二叉查找树（也叫"二叉搜索树"）是一种常用的二叉树。比起数组和链表，二叉查找树能够加快数据的搜索速度。这是因为在无序的数组中不得不从头至尾沿一条线搜索，但在二叉查找树中，只要不断寻着二叉树陆续生长出来的两根树杈中的一根搜索，每次遇到树枝分杈就能缩小一半的搜索范围（参见图 6-13）。

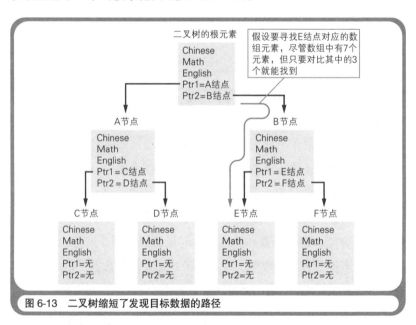

图 6-13　二叉树缩短了发现目标数据的路径

C 语言的教科书往往会把结构体、指针和自我引用结构体这些晦涩难懂的概念放到最后讲解。而通过阅读本章，诸位一口气就学完了这些概念。如果诸位有偏爱的编程语言，那么也请想一想用那门语言该如何实现栈、队列、链表和二叉树。无论是哪种编程语言，数据结构的基础都是数组，因此学会灵活运用数组才是关键。

☆　　　☆　　　☆

通过学习第 5 章和第 6 章，诸位就相当于完成了算法和数据结构的入门课程。虽然一路讲解了各种各样的要点，但是在最后我还是想提醒诸位：即便睿智的学者们已经发明出了大量了不起的算法和数据结构，我们也不要 100% 依赖它们，还是应该经常自己动脑设计。在了解了经典的算法和数据结构之后，还要设法灵活地去运用它们，这样才有助于创造出出色的原创作品，而能够创造出原创作品的程序员才是真正的技术佼佼者。

在接下来的第 7 章中，我将从多个角度介绍面向对象编程。

第**7**章

做一个面向对象编程的程序员

初级问题

object 是什么意思？

中级问题

OOP 的全称是什么？

高级问题

哪种编程语言在 C 语言的基础上增加了对 OOP 的支持？

怎么样？被这么一问，是不是发现有一些问题无法简单地解释清楚呢？下面我会公布答案并进行解释。

答案 ·

初级问题：object 是"对象"的意思。

中级问题：OOP 的全称是 Object Oriented Programming（面向对象编程）。

高级问题：C++ 在 C 语言的基础上增加了对 OOP 的支持。

解释 ·

初级问题：对象（object）是表示事物的抽象名词。

中级问题：面向对象也可以简称为"OO"（Object Oriented）。

高级问题：在 C 语言中，++ 运算符表示自增，即将变量的值增加1。C++ 中的 ++ 表示在 C 语言的基础上增加了面向对象编程这"一"功能。Java 和 C# 则是在 C++ 的基础上发展出的编程语言。

本章要点

本章将介绍有关面向对象编程的概念。诸位可以从不同的角度来理解面向对象编程，程序员们对何为面向对象编程也会持不同观点。至今为止，我遇到过不少程序员，本章会将他们的观点综合起来，对面向对象编程进行介绍。希望诸位能把各种观点整合起来，最终形成自己的理解方法。在读完本章后，请诸位一定要和朋友或是前辈就什么是面向对象编程展开讨论。

7.1 面向对象编程

面向对象编程是一种旨在提升大型程序的开发效率，使程序易于维护[1]的编程方法。在企业中，管理层的领导们都青睐于在开发中使用面向对象编程。这是因为如果开发效率得以提高、代码易于维护，那么就意味着企业可以大幅度地削减成本（开发费用 + 维护费用）。甚至可以这样说，即使管理者们并不十分清楚面向对象编程到底是什么，他们也会相信"面向对象编程是个好东西"。

但是在实际的开发工作中，程序员们对面向对象编程往往有一种敬而远之的倾向。原因在于他们不得不重新学习很多知识，但是又会被新学到的知识束缚想法，导致无法按照习惯的思维进行开发。以我写书的经验来看，讲解传统的编程语言一本书就够了，而讲解面向对象编程需要两本书。直白地说，就是面向对象编程太麻烦了。

虽然现状如此，但我还是希望诸位都能掌握面向对象编程，因为对目前主流的编程语言和开发环境而言，面向对象编程的知识是不可

---

[1] 这里所说的维护指的是对程序功能的修改和扩展。

或缺的。这就迫使还在对面向对象编程敬而远之的程序员们不得不迎头赶上，因为他们已无退路可走。

的确，精通面向对象编程需要花费大量时间。诸位可以先通过本章的学习掌握一些基础知识，至少能够说出面向对象编程是什么，然后在此基础之上只有进一步踏踏实实地学习才能将面向对象编程运用自如。

7.2　面向对象编程有多种理解方法

计算机术语辞典等资料通常会对面向对象编程做出如下定义。

面向对象编程是一种关注点在于对象（ object ）本身的编程方法，其背后的思想是，对象的构成要素包含对象的行为及操作。这种编程方法不仅使程序易于复用，还提升了软件的生产效率。面向对象编程所使用的编程技巧主要有继承、封装、多态这 3 种。

虽然这段话足以作为对术语的解释说明，但是仅凭于此我们还是无法理解面向对象编程的概念。

"什么是面向对象编程？"如果你去问 10 名程序员，那么恐怕会得到 10 个答案。这就好比箱子中有只刺猬，但围观的人不能打开箱子，他们只能通过伸手去摸来判断里面装着什么。有的人摸到了刺猬的后背，就会说"摸起来扎手，应该是像刷子一样的东西"；有的人摸到了刺猬的尾巴，就会说"摸起来又细又长，应该是像绳子一样的东西"（参见图 7-1 ）。同样的道理，由于看问题的角度不同，因此程序员对面向对象编程的理解往往是仁者见仁、智者见智。

图 7-1 什么是面向对象编程

到底哪种理解方法才是正确的呢？其实无论是哪种方法，只要能够在实际编程时将其付诸实践，这种方法就是正确的。诸位也可以用自己的理解方法去实践面向对象编程。话虽如此，但如果仅仅学到了片面的理解方法，那么不仅无法看清面向对象编程全貌，而且会感到对概念的理解总是模模糊糊的。因此，下面我们就把各种各样的理解方法和观点综合起来，一起来探究面向对象编程的全貌吧。

7.3 观点 1：面向对象编程通过将组件拼装到一起构建程序

面向对象编程使用了一种称为"类"的要素，若干个类组装到一起就可以构建出一个完整的程序。从这一点来看，可以说类就是程序的组件（component）。面向对象编程的关键在于能否灵活地运用类。

首先讲解一下类的概念。第 1 章曾提到，无论使用哪种开发方法，程序的代码最终都会转换为由数值罗列而成的机器语言，其中的每个数值要么表示"指令"，要么表示作为指令操作对象的"数据"。程序最终就是指令与数据的集合。

C 语言不是面向对象编程语言，即不是用于表达面向对象编程思想的语言。在使用 C 语言编程时，程序员会用"函数"表示指令，用"变量"表示数据。对他们而言，程序就是函数和数据的集合。在代码清单 7-1 中，我们可以看到形如 FunctionX() 的函数和形如 VariableX 的变量（X 表示 1~3 的一个数字）。

代码清单 7-1　程序是函数和变量的集合（C 语言）

```
int Variable1;
int Variable2;                  变量
int Variable3;

…
void Function1() { 处理过程 }
void Function2() { 处理过程 }    函数
void Function3() { 处理过程 }

…
```

大型程序往往需要用到大量的函数和变量。如果用非面向对象编程语言编写一个由 10 000 个函数和 20 000 个变量构成的大型程序，那么结果多半是代码凌乱不堪、开发效率低到令人无法忍受，而且维护起来困难重重。

面向对象编程就是在此背景下诞生的，这种编程方法可以把程序中相关的函数和变量汇集到一起形成组件。这里的组件就是类。C++、Java、C# 等面向对象编程语言都提供了定义类的语法。代码清单 7-2 定义了一个以 MyClass 为名称的类。包含相关函数和变量的类就是具有特定功能的程序组件。汇集到类中的函数和变量统称为类的"成员"（member）。

代码清单 7-2　定义 MyClass 类，将函数和变量汇集到一起（C++）

```
class MyClass  ——————————— 类名
{
```

```
    int Variable1;
    int Variable2;
    …                              类的成员
    void Function1() { 处理过程 }   （变量和函数）
    void Function2() { 处理过程 }
    …
};
```

C++ 在 C 语言的基础上增加了面向对象编程的语法。Java 和 C# 又是在 C++ 的基础上发展出的新语言。本章会展示用 C 语言、C++ 和 Java 编写的示例程序。诸位在阅读时只需抓住其大意即可，不必深究每个程序的语法细节。

7.4 观点 2：面向对象编程能够提升程序的开发效率和可维护性

在使用面向对象编程语言开发时，并不是所有的类我们都必须亲自编写。面向对象编程语言自身就提供了大量适用于各种程序的类。这样的一组类（一组组件）称作"类库"。利用类库可以提升编程的效率。另外，如果可以在新项目中复用之前编写过的类，那么还能进一步提升程序的开发效率。

所谓企业级的程序，指的是对可维护性有较高要求的程序。程序投入使用后，可维护性体现在修改现有功能和扩充新功能的难易程度上。如果程序是由一组类组装起来的，那么维护工作就会轻松得多。这是因为作为维护对象的函数和变量已经分门别类汇集到各个类中了。假设我们已经编写出了一个用于管理员工薪资的程序。如果程序要随着薪资计算规则的调整而变化，那么最好将需要修改的函数和变量先集中在一个类（比如一个名为 Calculation 的类）中（参见图 7-2）。这样设计的好处在于当薪资计算规则变化时没有必要去检查所有的类，只修改 Calculation 类就可以了。关于可维护性，第 12 章还会继续介绍。

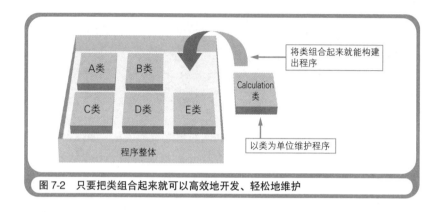

图 7-2　只要把类组合起来就可以高效地开发、轻松地维护

"我负责创建类，你负责使用类"——在实际应用面向对象编程时要时刻保持这种直觉。并不是开发小组中的每个成员都要了解程序的方方面面，而是组中有人主要负责创造组件（类），有人主要负责使用组件。当然有时也需要有人兼顾这两种工作。另外，还可以把一部分组件的开发任务委托给合作公司，或者购买商业组件来使用。

对于创建类的程序员，他们考虑的是程序的开发效率和可维护性，以及应该如何将函数和变量分门别类地汇集到各个类中。如果修改一个类时导致大量其他的类也要跟着修改，那么这样的设计是不能接受的。因此，我们必须把作为程序组件的类设计成即使是坏（有缺陷）了也能轻松地替换，就像在汽车、家电等工业制品中所使用的组件那样。

在功能升级后，新组件能够轻松替换旧组件的设计也是必不可少的。因此，创造者和使用者之间需要事先商定类的使用规范。诸位请记住，对类的使用者而言，"类应该提供哪些功能"这种关于规范的描述通常称为"接口"（interface）。只要把接口告诉合作公司，就可以要求它们编写类，而通过这种方式编写出的类也自然能够与程序中的其他部分严丝合缝地拼装起来。大多数面向对象编程语言提供了用于定义接口的语法。

7.5 观点 3：面向对象编程适用于大型程序的开发

通过之前的介绍，诸位应该已经知道面向对象编程为什么适合编写大型程序了吧。假设一个程序包含 10 000 个函数和 20 000 个变量，那么如果把这个程序用 100 个类组织起来，则平均一个类里只有 100 个函数和 200 个变量。程序的复杂度降到了原来的 1%。如果使用稍后将要讲解的称为"封装"的编程技巧（将函数和变量放入黑盒，使其对外界不可见），则还可以进一步降低复杂度。

由于篇幅所限，讲解面向对象编程的图书和文章往往无法罗列大段的示例程序，而仅通过简短的程序片段又难以把面向对象编程的优点充分传达出来。当然本书也不例外。所以只好请诸位在阅读本书的同时假想自己正在开发一个大型程序。

为了拉近计算机和人的距离，使计算机成为更容易使用的机器，各种计算机技术都在不断发展。在人们的经验中，大件物品都是由组件组装起来的。因此，可以说面向对象编程把同样的经验带给了计算机，创造了一种顺应人类思维习惯的先进的开发方法。

7.6 观点 4：面向对象编程就是在模拟现实世界

通过编程，我们可以将现实世界中的业务和娱乐活动搬入计算机。计算机本身并没有特定的用途，而是程序为计算机赋予了各种各样的用途。使用面向对象编程时，可以从"这个是由什么样的对象构成的呢？"这样的问题出发，分析程序所模拟的现实世界。这种分析过程叫作"建模"。可以说，建模反映了程序员的世界观，即在他们眼中现实世界是什么样子。

实际的建模过程可分为"组件化"和"省略化"这两步。所谓组件化，就是将现实世界看作由若干种对象构成的集合。省略化则是指：因为程序并不需要 100% 地模拟现实世界，所以可以省略其中的一部分细节。假设我们要模拟巨型喷射式客机，那么就可以从飞机上分解出机身、主翼、尾翼、发动机、轮子、座位等组件（参见图 7-3）。而像卫生间这样的组件，如果不需要则可以省略。"建模"这个词也可以理解为是在设计塑料模型。虽然巨型喷射式客机的塑料模型有很多零件，但是里面应该没有无关紧要的卫生间吧。

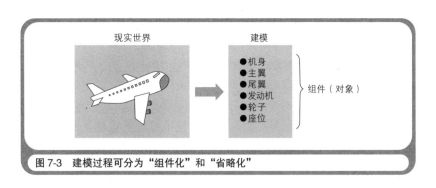

图 7-3　建模过程可分为"**组件化**"和"**省略化**"

7.7　观点 5：**面向对象编程可以借助 UML 设计程序**

建模就是面向对象编程的设计阶段。为了用图形表示对现实世界建模的结果，面向对象编程的程序员经常使用称作 UML（Unified Modeling Language，统一建模语言）的图示方法。UML 的出现统一了历史上曾经出现过的各种各样的图示方法，已然成为事实上的世界标准。

UML 规定了 9 种图（参见表 7-1）。之所以有这么多种，是因为这样可以从不同的角度来表示对现实世界建模的结果。例如，用例图是从用户的角度，即用户使用程序的方式出发来表示建模结果的一种图，而类图、时序图等的出发角度是程序员。

表 7-1　UML 中规定的 9 种图

名称	主要用途
用例图（use case diagram）	表示用户使用程序的方式
类图（class diagram）	表示类之间的关联
对象图（object diagram）	表示对象之间的关联
时序图（sequence diagram）	从时间顺序的角度表示对象之间的关联
通信图（communication diagram）	从协作关系上表示对象之间的关联
状态机图（state machine diagram）	表示对象状态的变化
活动图（activity diagram）	表示处理的流程
组件图（component diagram）	表示文件以及文件之间的关联
部署图（deployment diagram）	表示计算机或程序的部署方法

UML 仅仅规定了建模结果的图示方法，并不是只能与面向对象编程一起使用。因此，公司的组织架构图、业务流程图等也可以使用 UML 来表示。

"这么多种图记忆起来很吃力啊"——也许有人会这么想吧。但不妨换一种积极的想法：既然 UML 常用于绘制面向对象编程的设计图，那么只要了解了其中几种主要的图，就可以从宏观的角度把握并理解面向对象编程的思想了。怎么样，这样想的话应该会对学习 UML 跃跃欲试了吧。

图 7-4 是 UML 类图的示例。图中所画的类正是代码清单 7-2 中的 `MyClass` 类。类的图示方法是将一个矩形分为上、中、下 3 栏，在上面的一栏中写入类名，在中间的一栏中列出变量（在 UML 中称为"属性"），在下面的一栏中列出函数（在 UML 中称为"行为"或"操作"）。

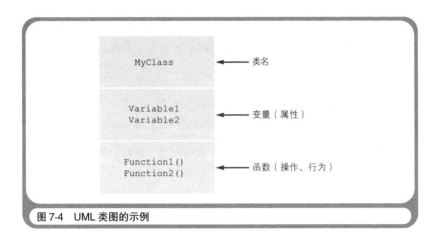

图 7-4　UML 类图的示例

在面向对象编程的设计阶段，要先确定好所需要的类，然后再在每个类中列出该类应该具有的函数和变量，而不是最后才把零散的函数和变量汇集到类中。也就是说，要一边观察程序所模拟的现实世界，一边思考待解决的问题是由哪些事物（类）构成的。正因为在设计时需要关注统称为"对象"的各种事物，所以这种编程方法才称为"面向对象编程"（Object Oriented Programming，其中 Oriented 就是"关注"的意思）。在传统的开发方法中，设计时只要考虑好了程序应该由什么样的功能和数据构成，随即就能确定与之相应的函数和变量，所以容易导致函数和变量散落在各处。而在面向对象编程的设计阶段，因为一上来要先确定有哪些类，所以构成程序的函数和变量必然会汇集到相应的类中。

7.8　观点 6：面向对象编程通过在对象间传递消息驱动程序

假设我们要编写这样一个程序：玩家 A 和玩家 B 玩"石头剪刀布游戏"，由裁判判定胜负。如果使用 C 这种非面向对象编程语言编写，

那么程序就会如代码清单 7-3 所示；如果使用 C++ 这种面向对象
编程语言编写，则程序会如代码清单 7-4 所示。诸位能看出其中的差
异吗?

代码清单 7-3　使用非面向对象编程语言编写的程序（C 语言）

```
/* 获取玩家 A 的手势 */
a = GetHand();

/* 获取玩家 B 的手势 */
b = GetHand();

/* 判定胜负 */
winner = GetWinner(a, b);
```

代码清单 7-4　使用面向对象编程语言编写的程序（C++）

```
// 获取玩家 A 的手势
a = PlayerA.GetHand();

// 获取玩家 B 的手势
b = PlayerB.GetHand();

// 由裁判判定胜负
winner = Judge.GetWinner(a, b);
```

在 C 语言的代码中，仅仅使用了 `GetHand()` 和 `GetWinner()`
这种独立存在的函数。而在 C++ 的代码中，因为函数隶属于对象，所
以要使用 `PlayerA.GetHand()` 这样的语法，表示属于 `PlayerA` 这
个对象的 `GetHand()` 函数。

也就是说，如果使用 C++ 等面向对象编程语言，那么就可以通
过调用隶属于对象的函数来驱动程序。这种函数调用方式称为对象间
的 "消息传递"。所谓消息传递，在面向对象编程语言中其实就是调
用对象持有的函数。即便在现实世界中，业务和娱乐活动的开展也离
不开事物间的消息传递。使用面向对象编程就可以通过程序来模拟这
一切。

非面向对象编程语言通常使用流程图来表示程序的行为，而面向对象编程语言会使用 UML 中的时序图和通信图来表示程序的行为。

流程图与时序图的对比如图 7-5 所示。关于流程图，我们已经见过很多次了，这里不再赘述。简而言之，流程图中只是画出了函数的调用顺序。而在时序图中，用矩形表示的对象横向排列，从上往下表示时间的先后顺序，箭头表示对象间的消息传递。时序图体现了对象间消息传递的顺序。

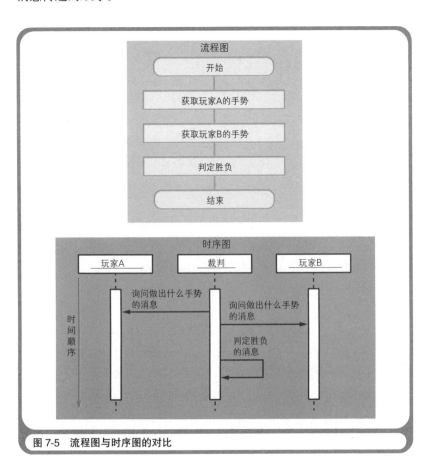

图 7-5　流程图与时序图的对比

沉浸在面向过程编程中的程序员们通常习惯于用流程图来思考程序的行为。不过，为了实践面向对象编程，还是有必要改用时序图来帮助思考的。

7.9 观点 7：面向对象编程的三大特性

"继承"（inheritance）、"封装"（encapsulation）和"多态"（polymorphism）是面向对象编程的三大特性。C++、Java、C# 等面向对象编程语言都提供了能够在程序中利用这三大特性的语法。

利用继承特性，我们可以通过复用现有类的成员来生成新的类；利用封装，我们可以将类中无须暴露给类的使用者的成员隐藏起来；利用多态，我们可以使不同的对象针对同一种消息表现出不同的行为。

其实仅仅介绍如何在程序中使用这三大特性就足以写一本书了。因而很多人容易被所学到的语法和编程技巧中涉及的大量知识束缚，以致不能按照自己的想法编程。其实只要静下心来，不再拘泥于语法和技巧，转而去关注这三大特性所带来的好处，就能顺应自己的需求合理地使用继承、封装和多态了。

通过继承现有的类，可以高效地生成新的类。如果一个类被多个类继承，那么只要修正了这个类的缺陷，就相当于修正了继承该类的所有类的缺陷。通过封装将类中无须暴露给使用者的成员隐藏起来，类就变成了易于使用且便于维护的组件。正因为使用者无法使用隐藏起来的成员，所以类的创建者才能放心且自由地修正这些成员。而多态的好处在于，对于对同一种消息可以表现出不同行为的一组类，程序员可以举一反三，只要学会其中一个类的使用方法，其他类的使用方法也就学会了。总之，无论是哪一点，都是面向对象编程带来的好处，都可以提升开发效率和可维护性。

稍后我们将介绍如何在实际的编程中使用继承。为了利用封装隐藏成员，只需在定义类时，在成员的名称前面加上关键词 public（表示该成员对使用者可见）或 private（表示该成员对使用者不可见）。不过，代码清单 7-2 中省略了这些关键词。另外，如果想利用多态，那么只需在多个类中定义具有相同名称的函数即可。

7.10　类和对象的区别

通过前面介绍的几种观点，现在诸位应该或多或少了解面向对象编程是怎么一回事了吧。但还请允许我再补充一些面向对象编程中必不可少的知识。

首先，要说明一下类和对象的区别。在面向对象编程中，需要将类和对象看作不同的概念来区别对待。类是对象的定义，而对象是类的实例（instance）。经常有教材将类比作做饼干的模具，将对象比作用模具做出来的饼干（参见图 7-6）。

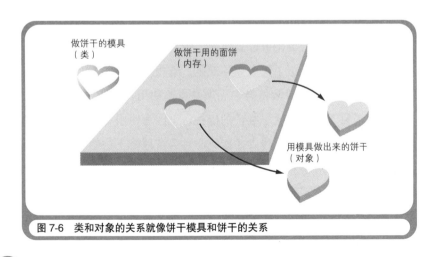

图 7-6　类和对象的关系就像饼干模具和饼干的关系

在之前的代码清单 7-2 中，我们定义了一个名为 MyClass 类。虽然 MyClass 类定义好了，但是我们还无法直接使用类中的成员，要想使用就必须先在内存上生成该类的实例，这个实例就是对象。只有创建出类的对象，先让类中的成员变为对象持有的变量和函数才能使用这些成员（参见代码清单 7-5）。

代码清单 7-5　只有先创建出类的对象才能使用类中的成员（C++）

```
MyClass obj;          // 创建对象
obj.Variable = 123;   // 使用对象所持有的变量
obj.Function();       // 使用对象所持有的函数
```

对面向对象编程语言的初学者来说，他们认为"只有先创建出各个类的对象才能使用各个类中的成员"这种做法很麻烦。但是我们也只能这样做，因为面向对象编程语言就是这样规定的。可是为什么要这样规定呢？原因是在现实世界中也有类（定义）和对象（实体）的区别。假设我们定义了一个表示企业中雇员的 Employee 类。如果定义完就可以立刻使用 Employee 类中的成员，那么程序中实际上最多只能存在一名雇员，因为类中的变量只够存储一名雇员的信息。而如果规定了要先创建 Employee 类的对象才能使用类中的成员，那么就可以需要多少雇员就创建多少雇员了。（通过在内存上创建 Employee 类的实例，让类中的成员变为对象的成员。）

这样的话，诸位应该更能理解"类是做饼干的模具，对象是用模具做出来的饼干"这句话的含义了吧。只要有了做饼干的模具（类），需要多少饼干（对象）就能做出多少饼干（对象）。

7.11　类的 3 种使用方法

前面已经多次提到，在面向对象编程中，程序员可以分为创建类的程序员和使用类的程序员。创建类的程序员不仅需要考虑类的复用性、可维护性、易用性以及如何模拟现实世界等问题，还要把相关的函数和变量汇集到类中。这样的工作称为"定义类"。

而使用类的程序员可以通过 3 种方法使用类：(1) 单独使用类中的成员（函数和变量）；(2) 在类的定义中包含其他的类（这种方法称作"组合"）；(3) 通过继承现有的类定义新的类。具体应该使用哪种方法取决于所使用的类的性质以及程序的用途。

下面我们通过一小段代码来直观感受一下类的 3 种使用方法。代码清单 7-6 中是一段用 Java 编写的 Windows 应用程序。这个程序的功能十分简单，只要单击窗口中的按钮，就会弹出写有"你好!"的消息框（参见图 7-7）。

代码清单 7-6　用 Java 编写的 Windows 应用程序

```
import java.awt.*;
import java.awt.event.*;
import javax.swing.*;
                                        继承
public class MyFrame extends JFrame implements ActionListener {
    private JButton myButton;
                                        组合
    public MyFrame() {
        this.myButton = new JButton(" 请单击这里 ");
        this.getContentPane().setLayout(new FlowLayout());
        this.getContentPane().add(myButton);
        myButton.addActionListener(this);

        this.setTitle(" 示例程序 ");
        this.setSize(300, 100);
        this.setDefaultCloseOperation(JFrame.EXIT_ON_CLOSE);
        this.setVisible(true);
    }
                                        单独使用类中的成员
    public void actionPerformed(ActionEvent e) {
        JOptionPane.showMessageDialog(null, " 你好! ");
    }
}
```

```
    public static void main(String[] args) {
        new MyFrame();
    }
}
```

图 7-7　Windows 应用程序的运行结果

诸位在这里不必深究这段代码的含义，只需把注意力集中到类的 3 种使用方法上即可。这段程序仅由一个名为 MyFrame 的类构成。MyFrame 类继承了类库中的 JFrame 类。在 Java 中，用关键词 extends 表示继承。窗口上的按钮到了程序中就是数据类型为 JButton（表示按钮的类）的变量 myButton。像这样在类中包含其他类的用法就是组合，组合也可以被看作在类中引用了其他的类。JOptionPane.showMessageDialog(null, "你好!");这行代码的作用是弹出消息框。除此以外，我们还在多个地方单独使用了类中的成员，比如设置窗口的标题和大小等。

☆　　　☆　　　☆

通过综合整理各种观点和理解方法，相信诸位已经能看到面向对象编程的全貌了。但最后需要注意一点，请不要把面向对象编程当成一门学问。程序员是工程师，工程是一种亲身参与的活动而不是一门学问。面向对象编程应该是一种能够提升编程效率、使代码易于维护的编程方法，而不是通过各种概念以及所谓的编程技巧束缚程序员的规矩。我们应该合理地实践面向对象编程。

面向对象编程就是把组件拼装到一起的编程方法——我曾经明确下过这样的结论，也是以此为理念进行实践的。但是也许有人会摆出学者的那一套理论："你还没有明白面向对象编程的理念，你这个是基于组件编程!"如果真有人这样说，我就会反问他："这么说你正在实践面向对象编程吗?"

有关编程的内容暂且讲解到这里，在接下来的第 8 章中，我们开始学习数据库。

来自企业培训现场

新手程序员适合学习哪些编程语言？

IT 企业在培训新手程序员期间，往往会要求他们学习某种编程语言。以我作为讲师的经验来看，不少企业以往会选择 C 语言或 Visual Basic，可近些年 Java 更受企业的青睐。虽然实际的项目开发多使用 Java，企业也希望新员工到岗后可以立刻用 Java 开始工作，但是作为所学习的第一门编程语言，我并不推荐 Java。理由源于最近的一种趋势，与过去相比，立志成为程序员的新人们在编程方面的背景知识越来越少。

培训前的调查结果表明，大约有 50% 的新人在校期间没有任何编程经验。那些稍有经验的，也并不是因为兴趣而喜欢编程，几乎都是只在课堂上写过那么几十行代码。既了解计算机的原理，又会编程，所以想学习一些实际中有助于业务发展的知识——像这样可以称为"计算机发烧友"的新人少得可怜。

● Java 隐藏了算法和数据结构的细节

让不了解计算机原理和编程的新人一上来就学习 Java 会怎样呢？ Java 是一种屏蔽了计算机原理的编程语言。只要使用 Java 提供的类库（代码的集合），就无须自己实现经典的算法和数据结构了。例如，Java 的程序员只需要使用名为 Stack 的类就可以轻易地实现"栈"这种数据结构，因为该类为程序员提供了栈结构本身以及入栈（Push）方法和出栈（Pop）方法。程序员完全可以无视栈顶指针的存在。我认为，新人无法通过 Java 学会计算机的工作原理、算法和数据结构。

● 先掌握 C 语言再学习 Java 比较好

我并不讨厌 Java。Java 支持面向对象编程，提升了大型程序的开发效率和可维护性。但是这些优点只体现在编写实际的业务程序上。对缺乏计算机基础知识的新人而言，我大力推荐 C 语言，因为它既能使程序员感知到计算机的原理，又会迫使他们殚精竭虑地去思考如何才能亲手实现算法和数据结构。

如果目标是使用 Java 编程，那么先掌握好 C 语言再学习 Java 会是舍近求远吗？C++ 在 C 语言的基础上增加了面向对象的语法，而 Java 又是以 C++ 为基础发展出的编程语言。因此，C 语言和 Java 在语法上有很多共同点。只要掌握了 C 语言，就能更进一步体会到 Java 的方便之处，进而顺利地迈入 Java 程序员的行列。虽然学习的精力有限，但正所谓"欲速则不达"。因此，我认为最好先掌握 C 语言，然后再学习

Java。此外，在学习 C 语言之前，强烈建议再多花一天时间了解一下汇编语言。我心中最理想的学习计划是先通过汇编语言了解计算机的原理，然后通过 C 语言学习算法和数据结构，最后再借助 Java 掌握实用高效的开发技术。

● 如果想在短时间内体会编程的乐趣，那么就学习 Python

有些培训的时间很短，不会花费几周的时间让新人系统地学习，而是让他们在短时间内体验编程的乐趣。在这种情况下，比起 C 语言或 Java，我更建议新人学习 Python，因为使用 Python 只需要较少的代码就可以编写出程序。例如，要编写一个在屏幕上显示"Hello!"的程序，用 C 语言或 Java 大约需要 5 行代码，而用 Python 只需要 1 行代码。Python 可称得上是能帮助新人轻松入门的绝佳语言。为了使示例代码较为简短，本书的部分章节也使用了 Python。

第 **8** 章

一用就会的数据库

在阅读本章内容前，让我们先回答下面的几个问题来热热身吧。

问题

初级问题

数据库术语中的"表"是什么意思？

中级问题

DBMS 的全称是什么？

高级问题

键和索引的区别是什么？

怎么样？被这么一问，是不是发现有一些问题无法简单地解释清楚呢？下面我会公布答案并进行解释。

答案 ·······························

初级问题：数据库术语中的**"表"**（table）是以表格的形式存储的数据。

中级问题：DBMS 的 全 称 是 Database Management System（数据库管理系统）。

高级问题：键用于标记表中的记录以及建立表之间的关系，而索引是提升数据检索速度的机制。

解释 ·································

初级问题：表由列和行构成。列又称为"字段"（field），行又称为"记录"（record）。

中级问题：市场上出售的 DBMS 有 Oracle、SQL Server、DB2 等。无论是哪种 DBMS，都可以用基本相同的 SQL 语句操作。

高级问题：主键上的每个值都能唯一确定一条记录。外键用于在表之间建立关系，某张表中的外键在其他表中则是主键。而索引是提升数据检索速度的机制，几乎与键无关。

本章
要点

前面几章讲解的是计算机的工作原理和程序设计。本章将开启另一个主题——数据库。像 DBMS、关系型数据库、SQL、事务这样的数据库术语，想必诸位都有所耳闻吧。可能有人会觉得好像明白这些术语的意思，但又好像没有真正理解。不仅是数据库，其他计算机技术也一样，不实际应用，就无法充分掌握。

本章首先介绍数据库的概况，然后带领诸位通过 SQL 语句创建并操作数据库。这样不但有助于理解数据库术语的含义，还能帮助诸位掌握解决实际问题的知识。创建数据库的方法有很多种，本章仅介绍通过 SQL 语句创建这一种。

○ 8.1　数据库是数据的基地

所谓数据库（database），就是数据（data）的基地（base）。在企业实施商业战略时，如果数据散布在企业内的各个地方，那么光是更新和检索就要花费大量时间，更不用说分析了。但只要把企业内的数据预先汇集到“基地”中并加以整理，各个部门中充满干劲的员工就可以根据需要使用这些数据。这个数据的基地就是数据库。虽然使用纸质文件整理数据也可以建立起数据库，但是利用善于处理数据的计算机整理会更加方便。计算机是提高手工业务效率的工具，因此自然可以作为数据的基地。

为了使存储到计算机中的数据易于使用，需要合理选择数据的存储方式。在靠手工完成的业务中，通常是像制作账单或名片那样把所需的信息汇集到一张纸上。将这种数据存储方式原封不动地移植到计算机中，就形成了“卡片型数据库”。存储一条数据就好比把账单或名片上的信息记录到文件中。卡片型数据库适用于想要实现小规模数据库的情况。地址簿管理程序、名片管理程序等使用的都是卡片型数据库（参见图 8-1）。

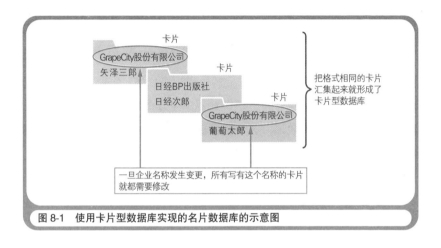

图 8-1　使用卡片型数据库实现的名片数据库的示意图

但是，如果要实现能够管理企业内所有信息的大规模的数据库，那么卡片型数据库就无能为力了。这是因为卡片之间缺乏关联，难以记录像 "A 公司向 B 公司出售了商品" 这样的信息。另外，如图 8-1 所示，假设公司名称由 "GrapeCity 股份有限公司" 变更为 "葡萄城股份有限公司"，那么麻烦的工作就来了，所有记录了 "GrapeCity 股份有限公司" 的卡片都需要修改。

适合存储大规模数据的是关系型数据库（relational database）。关系型数据库不但能将数据分门别类存储到多张表中，还可以记录表与表之间的关系。对于上面的例子，如果把数据分别存储到企业表和个人表中，并在这两张表间建立关系，那么在公司名称变更时，只需要在企业表中更新一项数据，即把企业表中的 "GrapeCity 股份有限公司" 改为 "葡萄城股份有限公司" 就能解决问题（参见图 8-2）。像 "A 公司向 B 公司出售了商品"这样的数据也可以记录在关系型数据库中。

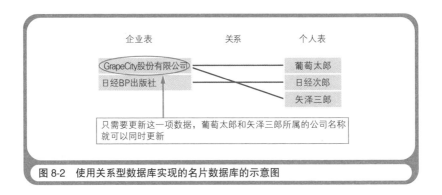

图 8-2 使用关系型数据库实现的名片数据库的示意图

1970 年美国 IBM 公司的 Codd 设计发明了关系型数据库。关系型数据库应用广泛，以至于现在一提到数据库就默认是关系型数据库。在后面的章节中，我将带领诸位通过 SQL 语句创建并操作关系型数据库。

◯ 8.2　数据文件、DBMS 和数据库应用程序

为了创建数据库，可以从零开始埋头编写所有代码，但通常我们会借助称作 DBMS 的软件。Oracle、SQL Server、DB2、MySQL、PostgreSQL 等软件诸位都或多或少有所耳闻，这些都是 DBMS。虽然数据库的实质是某种数据文件，但是应用程序并不会直接读写这些数据文件，而是会以 DBMS 作为中介间接地读写（参见图 8-3）。为了使应用程序能够轻松读写数据文件，DBMS 提供了安全有效的数据存储机制。

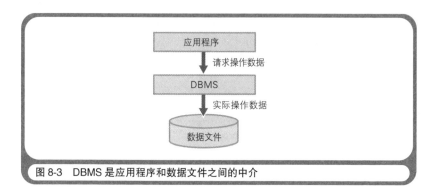

图 8-3 DBMS 是应用程序和数据文件之间的中介

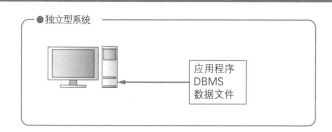

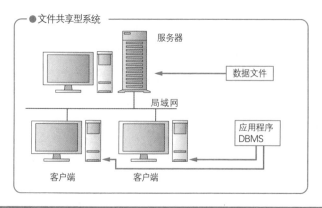

图 8-4 数据库系统的形式

对于何为"安全有效的数据存储机制",本章将在后面解释,下面先介绍一下数据库系统的构成要素。数据库系统包括数据文件、DBMS、应用程序(用于操作数据库的程序)这 3 部分。在小型系统中,这 3 个要素全部部署在一台计算机上,构成"独立型系统"。在中型系统中,数据文件单独部署在一台计算机上,DBMS 和应用程序部署在另外的计算机上并共享数据文件,这样的系统称为"文件共享型系统"。在大型系统中,数据文件和 DBMS 部署在一台(或多台)计算机

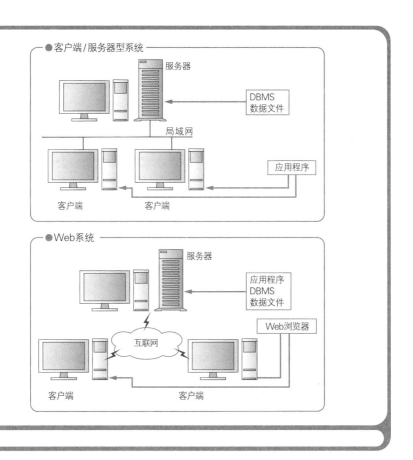

上，用户需要从其他部署着应用程序的计算机上访问数据，这样的系统称为"客户端／服务器型系统"，其中部署着数据文件和 DBMS 的计算机是服务器（server），即服务的提供者，而部署着应用程序的计算机是客户端（client），即服务的使用者。如果把服务器和客户端都接入互联网，那么就形成了 Web 系统。在 Web 系统中，应用程序通常也部署在服务器中，客户端中只需安装 Web 浏览器即可（参见图 8-4）。

8.3　设计数据库

下面就来实际创建一个数据库。我们将在个人计算机上使用名为 MySQL[①] 的 DBMS 实现一个独立型系统，为酒铺提供用于销售管理的数据库，并通过名为 MySQL Command Line Client 的程序（随同 MySQL 一起安装，以下简称为"MySQL 客户端"）来操作该数据库。请诸位学会利用身边的例子来帮助理解新知识。

在创建数据库之前，我们先来设计数据库。设计数据库的第一步是从"想要了解什么"的视角出发找出需要的数据。如果是设计自己使用的数据库，那么就问问自己想要了解什么。如果是为客户设计数据库，则要去询问对方想要了解什么。

对酒铺的销售管理而言，假设经营者想要了解以下数据。

酒铺经营者需要知道什么？
- 商品名称
- 单价（日元）
- 销售量
- 顾客姓名

---

① MySQL 是由 Oracle 公司开发和发布而且几乎免费的开源 DBMS。

- 住址
- 电话号码

当然，要由数据库的使用者来决定仅仅存储这些数据是否够用。如果缺少了所需的数据，那么数据库就无法发挥作用。反过来，如果包含了冗余的数据，则存储这些数据又会白白浪费磁盘空间。

筛选出需要的数据以后，需要考虑每种数据的属性。数据的类型（是数字还是字符串），数字的话是整数还是小数，字符串的话最多能够包含多少个字符，是否允许 NULL 值（表示未知或者不存在的值）等都属于数据的属性。为酒铺经营者所需的各种数据分别设置好属性后，我们就创建出了酒铺数据库中的第一张表——酒铺表（参见图 8-5）。

字段名称	数据类型	是否允许NULL值
商品名称	字符串（最多能够包含40个字符）	不允许
单价	整数	不允许
销售量	整数	不允许
顾客姓名	字符串（最多能够包含20个字符）	不允许
住址	字符串（最多能够包含40个字符）	允许
电话号码	字符串（最多能够包含20个字符）	允许

图 8-5　设置好各字段的属性后就创建出了酒铺表

下面再来学习一些术语。在关系型数据库中，录入表中的每一行数据都称为"记录"，构成一条记录的各项数据（在本例中是商品名称、单价等）所在的列都称为"字段"。记录有时又叫作"行"或"元组"（tuple），字段有时又叫作"列"或"属性"（attribute）。上面提到的数据的属性就是设置在字段上的。每个字段都有一个能够说明字段中数据含义的名字。构成"酒铺表"中一条记录的各个字段的定义如图 8-5 所示。

8.4 数据库规范化

如果直接使用刚刚创建的酒铺表，在数据库的应用过程中就会遇到一些问题。假设表中已经录入了如下测试记录（参见图 8-6）。

酒铺表

商品名称	单价	销售量	顾客姓名	住址	电话号码
日本酒	2000	3	日经次郎	东京都港区	03-2222-2222
威士忌	2500	2	日经次郎	东京都港区	03-2222-2222
维士忌	2500	1	矢泽三郎	栃木县足利市	0284-33-3333

相同的商品录入的名称却不同　　　　　重复录入相同的数据

图 8-6　仅用一张表时产生的问题

这里有两个问题。第一个问题是，不得不重复录入相同的数据，比如在前两条记录中都录入了"日经次郎""东京都港区"和"03-2222-2222"。录入重复数据不仅使数据库的操作变得烦琐，还白白浪费了磁盘空间。第二个问题是，不同的商品名称指代的却是相同的商品，比如在第三条记录中，"威士忌"被错录成了"维士忌"，如果让计算机来处理，那么二者就会被识别成不同的商品。可以看到，如果仅使用一张表，则难免会遇到类似的问题。

为了解决这类问题，在设计关系型数据库时，还要进行"规范化"。所谓规范化，就是将一张大表拆分成多张小表，并通过在小表之间建立关系（将小表连接在一起）来调整数据库结构的过程。规范化可以优化数据库的结构（参见图 8-7）。

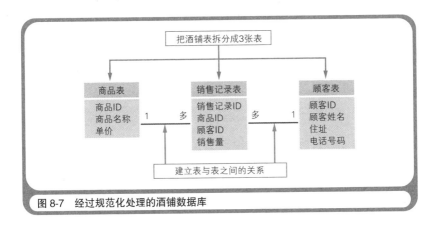

图 8-7 经过规范化处理的酒铺数据库

规范化的要点是避免在一张表中重复存储相同的数据。因此在本例中，首先要把酒铺表拆分为商品表、销售记录表、顾客表这 3 张小表，然后再在它们之间建立关系（图 8-7 中用表与表之间的细线表示）。这样拆分之后，既省去了多次录入相同的顾客姓名、住址和电话号码的麻烦，又能防止把本应相同的商品名称输入成不同名称的错误。如图 8-8 所示，酒铺的数据现在存储到了 3 张表中。

商品表

商品ID	商品名称	单价
1	日本酒	2000
2	威士忌	2500

销售记录表

销售记录ID	商品ID	顾客ID	销售量
1	1	1	3
2	2	1	2
3	2	2	1

顾客表

顾客ID	顾客姓名	住址	电话号码
1	日次次郎	东京都港区	03-2222-2222
2	矢泽三郎	枥木县足利市	0284-33-3333

图 8-8 将数据存储到 3 张表中

8.5　用主键和外键将表连接在一起

为了在表间建立关系，有时必须加入能够将表连接在一起的字段，这样的字段称为"键"（key）。我们先为酒铺数据库中的每张表添加一个称为"主键"（primary key）的字段，该字段上的每个值都能唯一地确定表中的一条记录。顾客表中添加的"顾客 ID"字段、销售记录表中添加的"销售记录 ID"字段以及商品表中添加的"商品 ID"字段都是主键。

正如"顾客 ID"一样，通常我们将主键命名为"某某 ID"。这是因为主键上存储的大多是能够唯一确定一条记录的 ID（identification，识别码）。如图 8-8 所示，如果顾客 ID 是 1，那么就能确定是日经次郎这条记录；如果顾客 ID 是 2，那么就能确定是矢泽三郎这条记录。为了确保这种特性，主键上绝不能存储相同的值。如果试图录入在主键上含有相同值的记录，那么 DBMS 就会报错，这就是 DBMS 提供的安全有效的数据存储机制的一种体现。

在销售记录表上，除了主键，还要添加"顾客 ID"字段和"商品 ID"字段，这两个字段是另外两张表的主键，而对销售记录表来说，它们都是"外键"（foreign key）。主键和外键的加入将表连接在了一起，通过主键和外键上相同的 ID 就可以顺藤摸瓜拼接出完整的数据了。例如，销售记录表中最上面的一条记录（1，1，1，3）表示的是该销售记录的 ID 为 1 并且顾客 ID 为 1 的顾客买了 3 个商品 ID 为 1 的商品。通过顾客表，可以知道顾客 ID 为 1 的顾客信息是（1，日经次郎，东京都港区，03-2222-2222）。通过商品表，可以知道商品 ID 为 1 的商品信息是（1，日本酒，2000）（参见图 8-9）。虽然作为销售记录表主键的"销售记录 ID"字段并不是其他表的外键，但为了存储能够唯一确定表中记录的 ID，还是需要在表中设置一个主键。主键既可以只由一个字段充当，也可以将多个字段组合在一起形成复合主键。

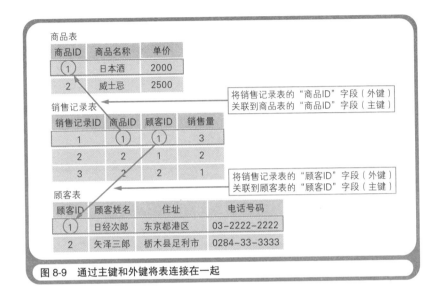

图 8-9　通过主键和外键将表连接在一起

　　表与表之间的关系能够将不同表中的记录关联起来。记录之间虽然可以有一对一、多对多、一对多（等同于多对一）这 3 种关系，但是在关系型数据库中无法直接存储多对多关系。这是因为在多对多关系中，外键上势必要存储多个 ID，而这样的外键无法关联上仅存储了单个 ID 的主键。如果酒铺的数据库中只包含顾客表和商品表，那么这两张表就形成了多对多的关系。也就是说，一位顾客可以购买多个商品（顾客表中作为外键的"商品 ID"字段中包含多个商品 ID），反过来，一种商品也可以被多位顾客购买（商品表中作为外键的"顾客 ID"字段中包含多个顾客 ID）。

　　当出现多对多关系时，可以在这两张表之间再加入一张表，把多对多关系分解成两个一对多关系（参见图 8-10）。新加入的这张表称作

"连接表"（link table）。在酒铺数据库中，销售记录表就是连接表。

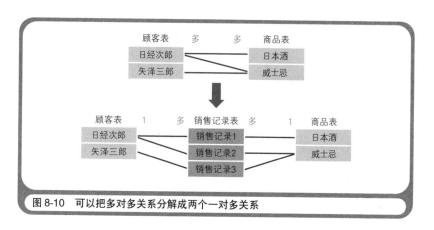

图 8-10　可以把多对多关系分解成两个一对多关系

DBMS 还具有检查"引用完整性"的功能，这又从另一方面体现了安全有效的数据存储机制。例如，在目前的酒铺数据库中，如果从商品表中删除"日本酒"这条记录，那么在销售记录表中，曾经记录着买的是日本酒的记录就无效了，也无法再通过关联商品表说明买的是什么商品了。但只要要求 DBMS 检查引用完整性（参见图 8-11），在应用程序中再执行这类操作时，DBMS 就会拒绝执行。

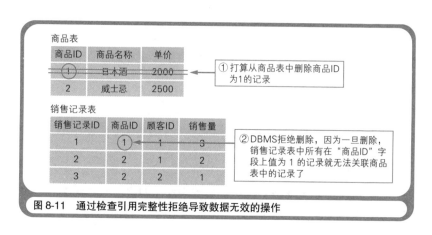

图 8-11　通过检查引用完整性拒绝导致数据无效的操作

　　如果是应用程序直接读写数据文件，那么就很容易放任用户的操作，导致出现主键上含有相同值的记录，或者由于没有检查引用完整性，使用户可以任意执行诸如删除数据之类的操作，产生无效的记录。而通过 DBMS 读写数据文件能防患于未然，轻松避免这些问题。

8.6　索引能够提升数据的检索速度

　　DBMS 还提供了为表中字段创建索引（index）的功能。虽然索引和键这两个概念之间有微妙的联系，但二者本质上完全不同。索引仅仅是提升数据检索速度的内部机制。一旦为字段创建了索引，DBMS 就会自动为这个字段建立索引表。

　　索引表中存储着字段上的值以及该值所在记录的位置。如果为顾客表的"顾客姓名"字段创建了索引，那么 DBMS 就会创建一张图 8-12 所示的索引表，表中有两个字段，分别存储着顾客姓名和位置（记录的位置）。与顾客表相比，索引表中的字段数更少，所以有助于提升数据的检索速度。DBMS 会先检索索引表，然后再根据位置信息从原始的数据表中取出完整的记录。就像图书的目录一样，索引是一种能够高效查找目标数据的机制。

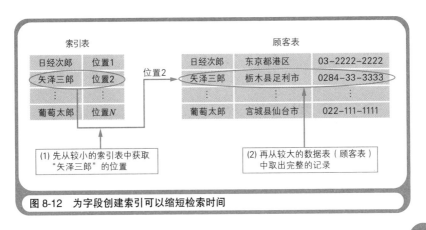

图 8-12　为字段创建索引可以缩短检索时间

165

　　既然索引能够提升检索速度，那么为所有表的所有字段都创建索引不就好了吗？实际上并不能这样做，因为一旦创建了索引，就意味着只要有记录插入表中，DBMS 就必须更新索引表。也就是说，数据检索速度的提升是以牺牲记录的插入速度为代价的。因此，应该只为那些需要频繁检索的字段创建索引。在酒铺数据库这个示例中，只需为顾客表的"顾客姓名"字段和商品表的"商品名称"字段创建索引即可。另外，如果表中充其量只有几千条记录，那么即使不创建索引，应该也不会感到检索速度过慢。

8.7　在 MySQL 中创建酒铺数据库

　　下面我们使用随同 MySQL 一起安装的 MySQL 客户端来实际创建一个酒铺数据库。应用程序向 DBMS 发送的命令是使用 SQL（Structured Query Language，结构化查询语言）编写的。SQL 的标准先后由 ANSI（美国国家标准协会）和 ISO（国际标准化组织）制定，因此同样的 SQL 命令基本上可以用于任何 DBMS 产品。不过，有些 DBMS 产品支持特有的 SQL 命令。

　　启动 MySQL 客户端后，先执行下面这两条命令。第一条命令创建了一个名为 liquor_store（酒铺的英文）的数据库，第二条命令告知 MySQL 接下来要使用该数据库。/* 和 */ 中的字符串是注释，用于说明命令的用途。

```
/* 创建 liquor_store 数据库 */
CREATE DATABASE liquor_store;

/* 使用 liquor_store 数据库 */
USE liquor_store;
```

用 SQL 编写的命令称为"SQL 语句"。SQL 语句不区分大小写，但为了便于阅读，本章的 SQL 语句中的关键词（有特定含义的单词）均为大写。

SQL 语句读起来很像英文，里面没有描述处理流程的代码，因此，即使不了解 SQL 的语法也没关系，只要把 SQL 语句当作英文来看，就能大概明白其含义（诸位现在只要能大概看懂 SQL 语句就可以了）。在 MySQL 客户端中，只要输入以分号结尾的 SQL 语句后再按下回车键，SQL 语句就会开始执行，这里的分号表示语句的结束（参见图 8-13）。

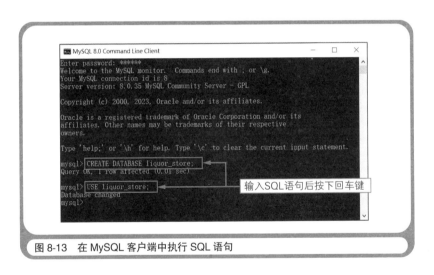

图 8-13 在 MySQL 客户端中执行 SQL 语句

创建并选择好要使用的数据库后，就可以在里面创建表了。由于通常是用英文单词为表和字段命名，因此可以将商品表、顾客表和销售记录表分别命名为 Product、Customer 和 Sale。下面是用于创建这 3 张表的 SQL 语句。SQL 语句过长的话会影响阅读，所以这里写成了多行。关键词 INT 表示整数类型 [INT 是 integer（整数）的缩写]。关键词 VARCHAR 表示字符串类型 [VARCHAR 是 variable character（可变长字符串）的缩写]，其后括号内的数字表示字符串中最多能够包含多少个字符。PRIMARY KEY 表示主键。NOT NULL 表示不允许 NULL 值。

```
/* 创建商品表 */
CREATE TABLE Product (
    product_id      INT PRIMARY KEY,          /* 商品ID */
    product_name    VARCHAR(40) NOT NULL,     /* 商品名称 */
    price           INT NOT NULL              /* 单价 */
);

/* 创建顾客表 */
CREATE TABLE Customer (
    customer_id     INT PRIMARY KEY,          /* 顾客ID */
    customer_name   VARCHAR(20) NOT NULL,     /* 顾客姓名 */
    address         VARCHAR(40),              /* 住址 */
    phone           VARCHAR(20)               /* 电话号码 */
);

/* 创建销售记录表 */
CREATE TABLE Sale (
    sale_id         INT PRIMARY KEY,          /* 销售记录ID */
    product_id      INT NOT NULL,             /* 商品ID */
    customer_id     INT NOT NULL,             /* 顾客ID */
    quantity        INT NOT NULL              /* 销售量 */
);
```

8.8　向 MySQL 发送增删改查的 SQL 语句

酒铺数据库和 3 张表都创建好以后，我们就可以操作这个数据库了。数据库的操作可以概括为增、删、改、查这 4 个字，也可以用 CRUD 这 4 个英文字母表示。CRUD 是 CREATE（创建）、READ（读取）、UPDATE（更新）、DELETE（删除）这 4 个单词的首字母缩写。操作数据库的应用程序通过向 DBMS 发送 SQL 语句即可实现对表中记录的增删改查。

增删改查这 4 种操作分别对应 SQL 中的 INSERT（插入）语句、DELETE（删除）语句、UPDATE（更新）语句和 SELECT（检索）语句。另外，需要注意 CRUD 与这 4 种 SQL 语句的对应关系，C 对应的是 INSERT 语句，R 对应的是 SELECT 语句，U 和 D 则分别对应 UPDATE 语句和 DELETE 语句。

接下来，使用下面这 3 组 SQL 语句，依次向 Product 表中插入 2 条记录、向 Customer 表中插入 2 条记录、向 Sale 表中插入 3 条记录。插入的记录与图 8-8 中的记录相同。

```
/* 向 Product 表中插入 2 条记录 */
INSERT INTO Product VALUES(1, "日本酒", 2000);
INSERT INTO Product VALUES(2, "威士忌", 2500);

/* 向 Customer 表中插入 2 条记录 */
INSERT INTO Customer VALUES(1, "日经次郎", "东京都港区", "03-2222-2222");
INSERT INTO Customer VALUES(2, "矢泽三郎", "栃木县足利市", "0284-33-3333");
```

```
/* 向 Sale 表中插入 3 条记录 */

INSERT INTO Sale VALUES(1, 1, 1, 3);

INSERT INTO Sale VALUES(2, 2, 1, 2);

INSERT INTO Sale VALUES(3, 2, 2, 1);
```

表中有了记录后，就可以通过下面这条 SQL 语句用存储在这 3 张表中的记录拼接出完整的销售数据了。为了便于阅读，SQL 语句还是写成了多行。

```
/* 获取完整的销售数据 */

SELECT product_name, price, quantity,

customer_name, address, phone

FROM Product, Customer, Sale

WHERE Sale.product_id = Product.product_id

AND Sale.customer_id = Customer.customer_id;
```

我们可以将这条 SQL 语句拆分为几部分，首先 SELECT product_name, price, quantity, customer_name, address, phone 的意思是"获取商品名称、单价、销售量、顾客姓名、住址和电话号码这几个字段上的数据"。随后的 FROM Product, Customer, Sale 表示"数据来自 Product 表、Customer 表和 Sale 表"。最后，WHERE Sale.product_id = Product.product_id AND Sale.customer_id = Customer.customer_id 的意思是"拼接出的记录需要满足如下条件：Sale 表中的商品 ID 要等于 Product 表中的商品 ID，并且 Sale 表中的顾客 ID 要等于 Customer 表中的顾客 ID"。像这样以"一张表的外键等于其他表的主键"为条件，并将这样的条件用关键词 AND 连接，就可以将存储在多张表中的记录关联起来。这条 SQL 语句的执行结果如图 8-14 所示。相较于插入记录的 SQL

语句，检索数据的 SQL 语句在执行完成后会在 MySQL 客户端中显示检索结果。

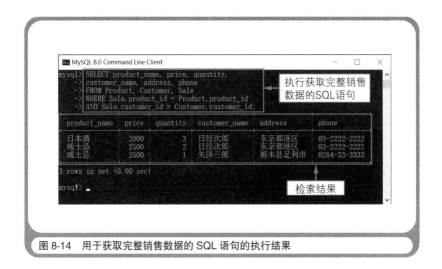

图 8-14　用于获取完整销售数据的 SQL 语句的执行结果

除了对记录进行增删改查，SQL 还有很多功能，比如统计数据、排序、分组等。如果诸位对此感兴趣，可以参考 SQL 的文档等资料。最后，建议诸位都安装一款 DBMS，实际动手执行一下 SQL 语句。

8.9　事务控制也可以交给 DBMS 处理

最后再介绍一下 DBMS 的一个高级功能——事务控制。事务（transaction）通常由若干条 SQL 语句构成，是一系列相关的数据库操作的集合。银行账户间的汇款操作就是一个典型的事务。从顾客的角度来看，汇款似乎只是一步简单的操作，但实际上为了从顾客 A 的账户向顾客 B 的账户汇入 1 万日元，至少需要将以下两条 SQL 语句依次发送给 DBMS：(1) 从 A 的账户余额中减去 1 万日元（使用 UPDATE 语句）；(2) 向 B 的账户余额中加上 1 万日元（使用 UPDATE 语句）。此时这两条 SQL 语句就构成了一个事务。

如果网络或计算机刚好在第一条 SQL 语句执行后发生了故障，导致第二条 SQL 语句无法执行，那么会发生什么呢？虽然 A 的账户余额减少了 1 万日元，但是 B 的账户余额没有相应地增加 1 万日元，于是产生了不合理的数据。如图 8-15 所示，为了防止出现这种问题，SQL

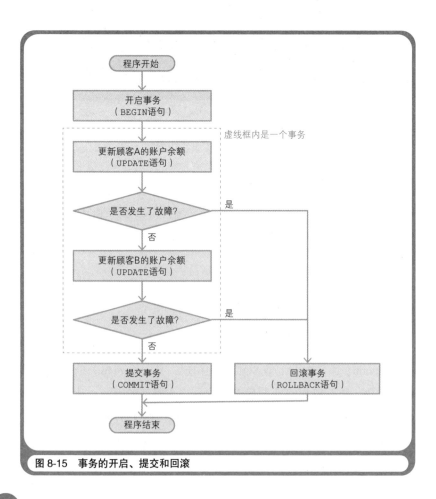

图 8-15　事务的开启、提交和回滚

支持 3 种事务控制类 SQL 语句[①]: (1)BEGIN(开启事务)语句, 用于命令 DBMS 开启事务; (2)COMMIT(提交事务)语句, 用于命令 DBMS 提交事务(确定对数据的操作); (3)ROLLBACK(回滚事务)语句, 用于发生问题时把数据库中的数据恢复到事务开始前的状态。DBMS 真是太方便了, 有了 DBMS, 就可以直接使用"事务控制"这一高级功能, 再也不必自己实现了。

☆　　　☆　　　☆

无论是企业中的大多数业务系统, 还是诸位日常使用的搜索引擎和购物网站, 都离不开数据库。可以说, 掌握数据库是用好计算机的关键。

若出于学习目的, 倒是可以使用安装在个人计算机上的 DBMS, 但实际中的数据库系统往往都运行在服务器上, 需要通过网络才能使用。也就是说, 要想用好数据库, 还需要网络知识。在接下来的第 9 章中, 我们就来学习网络。

---

① 不同 DBMS 中的事务控制类 SQL 语句之间有一些差异, 此处列举的是 MySQL 中的写法。

第9章

使用网络命令来探索网络的机制

初级问题

LAN 的全称是什么？

中级问题

TCP/IP 的全称是什么？

高级问题

什么是 MAC 地址？

怎么样？被这么一问，是不是发现有一些问题无法简单地解释清楚呢？下面我会公布答案并进行解释。

答案. . . . .

初级问题：LAN 即"局域网"，全称是 Local Area Network。

中级问题：TCP/IP 的 全 称 是 Transmission Control Protocol/ Internet Protocol（传输控制协议 / 互联网协议）。

高级问题：MAC 地址是以太网使用的识别码。

解释. . . . .

初级问题：局域网是指建筑物或办公室内的小规模网络。与之相对，广域网（WAN，Wide Area Network）是指互联网那样的大规模网络。

中级问题：TCP/IP 是互联网使用的一套标准协议。TCP/IP 这个名字意味着同时使用了 TCP 和 IP 这两种协议。

高级问题：以太网是局域网使用的协议，其使用 MAC 地址来识别数据的发送者和接收者。

**本章
要点**

　　诸位都经常在网（互联网）上浏览网页或是收发邮件吧，如今这一切对我们来说似乎已经司空见惯了。由多台计算机连接而成的可用于信息交换的系统就是"网络"（network）。互联网作为最典型的网络，将我们的计算机和远在千里之外的计算机连接在了一起。而用于把全世界的计算机彼此相连的网线已然交织成了一张网。

　　正因为信息可以以电信号的形式在网线中传播，所以计算机之间才能够进行信息交换。但在交换信息之前，必须在发送者和接收者之间事先规定好发送方式。这种对信息发送方式的规定或约束称为"协议"（protocol）。TCP/IP 是公司内部的网络接入互联网时使用的标准协议……

　　哎呀，要是再这样说下去的话，就会越来越复杂了。也许有人觉得"只要会上网就行了，没有必要去了解机制之类的信息"。但是，了解机制有助于更加灵活地使用网络。下面，我们就使用 Windows 自带的网络命令来探索网络的机制吧。

9.1　什么是网络命令

　　网络命令是用于查看网络配置和状态的小程序。表 9-1 中列出了几个 Windows 自带的常用网络命令。这些命令需要在 Windows 的命令提示符窗口中执行。

表 9-1 Windows 自带的常用网络命令

网络命令	功能
ipconfig	查看网络配置
ping	要求对方设备做出应答
tracert	查询到达对方设备的路由
nslookup	向 DNS 服务器询问域名对应的 IP 地址
netstat	查看网络中计算机之间的通信状态
arp	查看 ARP 表的内容

下面我们将在图 9-1 所示的网络环境中实验一些网络命令。诸位家里应该也有类似的网络环境，所以不妨跟着我的讲解尝试使用这些命令。

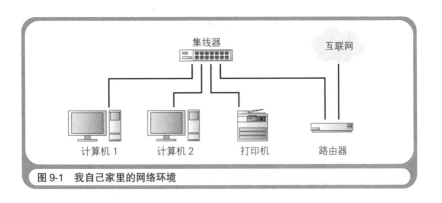

图 9-1 我自己家里的网络环境

在我自己家里的网络环境中，计算机 1、计算机 2、打印机和路由器都通过网线连接到了称为"集线器"的设备上，这样它们之间就可以相互通信了。路由器是负责将家庭网络接入互联网的设备，所以路由器上还有一根用于连接互联网的网线。

家庭或企业内的网络称作"局域网"，像互联网那样由众多局域网相连而成的网络称作"广域网"。路由器是负责将局域网接入广域网的设备。家庭或企业内的路由器连接着互联网服务提供商的路由器，而服务提供商的路由器又通过其他路由器，或是连接到其他企业的局域网，或是连接到另一家服务提供商，进而又与使用了这家服务提供商的局域网相连。作为联网的基本单位，局域网可以通过服务提供商的路由器与其他局域网相连，这种连接方式不断向世界各个角落蔓延就形成了互联网。一个个局域网像一张张小网，而互联网就如同由这些小网连接而成的大网。

9.2 实验1：查看 MAC 地址

局域网和广域网会依照不同的协议（规则）来收发数据。协议不同，用于识别数据发送者和接收者的识别码就不同。常用于局域网的以太网（Ethernet）协议使用 MAC（Media Access Control，媒体访问控制）地址这种识别码来识别发送者和接收者。我们可以使用 ipconfig 这个网络命令来查看 MAC 地址。

请从 Windows 的开始菜单中依次选择"Windows 系统"→"命令提示符"。选中后会弹出一个背景全黑的窗口，这就是命令提示符窗口，我们可以在这里用键盘输入由字符构成的命令。输入完成后按下回车键，这串字符所表示的命令就会开始执行。

先在命令提示符窗口中输入如下命令。

```
ipconfig /all
```

按下回车键后，屏幕上会出现大量信息[1]。在这些信息中，我们暂

---

[1]　如果使用的是有线局域网，那么请查看"以太网适配器 以太网："之后的信息。如果使用的是 Wi-Fi，那么请查看"无线局域网适配器 WLAN："之后的信息。

时只关注"物理地址"之后用连字符"-"分隔的识别码"00-00-5D-B8-39-B0"（参见图 9-2）。这就是 MAC 地址[①]。

```
物理地址. . . . . . . . . . . . . . : 00-00-5D-B8-39-B0
```

图 9-2　使用 **ipconfig** 查看 MAC 地址

　　MAC 地址本质上是一个 48 比特的数字，常采用这样的表示方法：每 8 比特为一组，分成 6 组，组间用连字符（-）分割，并且每一组都用十六进制数表示。8 比特的二进制数可用两个十六进制数表示。MAC 地址是分配给网络硬件的识别码，前 24 比特（本例中为 00-00-5D）是硬件厂商的识别码，后 24 比特是产品型号和序列号（本例中为 B8-39-B0）。由于同一厂商中不可能有序列号相同的产品，因此每个 MAC 地址都是独一无二的。

9.3　实验 2：查看 IP 地址和子网掩码

　　MAC 地址是硬件层面上的识别码，能够识别局域网中的设备，但放眼到广域网，仅凭 MAC 地址就无法高效地识别网络设备了。这是因为当需要以企业为单位对设备进行分组管理时，我们无法使MAC 地址前面的若干位保持一致以使用这些位来区分各组。而且，在像互联网那样连接着世界各地计算机的大规模网络中，需要通过系统的分组来高效识别数据的发送者和接收者，因此必须采用像邮政编码一样带有分组信息的识别码。假如在互联网中只能使用 MAC 地址

[①]　**ipconfig** 命令显示的信息会因 Windows 的版本而略有不同。我使用的是 Windows 10 专业版。此外，本书中涉及的大部分 MAC 地址和 IP 地址是虚构的。这是因为从安全的角度来说，不应该随便暴露网络的配置信息。

会发生什么呢？如果接入互联网的大量计算机都只有缺少分组信息的识别码（MAC 地址），那么仅仅是寻找数据的接收者就不得不花费大量时间。

因此，用于互联网的 IP 协议采用了"IP 地址"这种软件层面上的识别码。MAC 地址是预先烧录在硬件中的识别码，生成后几乎无法更改。而 IP 地址可以根据情况随意配置，所以称为"软件层面上的识别码"。接入网络的计算机、打印机等设备都有 MAC 地址和 IP 地址这两套地址。MAC 地址用于局域网，IP 地址用于广域网（互联网）。

IP 地址[①]本质上是一个 32 比特的数字，常采用这样的表示方法：每 8 比特为一组，分成 4 组，组间用"."分隔，并且每一组都用十进制数表示。8 比特的二进制数能表示的数字范围用十进制数表示是 0～255，因此可用作 IP 地址的数字共计 4 294 967 296 个，范围是 0.0.0.0～255.255.255.255。

IP 地址中的前若干位数字是称作"网络地址"的网络识别码（局域网识别码），后若干位数字是称作"主机地址"的主机识别码。主机是计算机、打印机、路由器等具有通信功能的设备的统称。稍后我们将看到如何划分 IP 地址中的网络地址部分和主机地址部分。

下面先来看一看如何查看计算机的 IP 地址。还是使用 `ipconfig/all` 这条命令。如图 9-3 所示，显示在"IPv4 地址"后面的 192.168.1.101 就是 IP 地址。请诸位再留意一下显示在"子网掩码"后面的 255.255.255.0（参见图 9-3）。

[①] IP 地址主要分为两类：一类是 32 比特的 IPv4（互联网协议第 4 版）的 IP 地址，另一类是 128 比特的 IPv6（互联网协议第 6 版）的 IP 地址。目前这两种 IP 地址都在使用。不过，本书仅涉及前者。

```
IPv4 地址 . . . . . . . . . . . . : 192.168.1.101
子网掩码 . . . . . . . . . . . . : 255.255.255.0
```

图 9-3　使用 **ipconfig /all** 命令查看 IP 地址和子网掩码

子网掩码能够标记出在 32 比特的 IP 地址中，从哪一位到哪一位是网络地址，从哪一位到哪一位是主机地址。如果把 255.255.255.0 用二进制数表示出来，结果如下所示。

```
11111111.11111111.11111111.00000000
```

前面连续的 1（共 24 位）对应着 IP 地址中的网络地址部分，后面连续的 0（共 8 位）对应着主机地址部分。因此 255.255.255.0 这个子网掩码就表示，192.168.1.101 这个 IP 地址的前 24 比特是网络地址，后 8 比特是主机地址。

8 比特可以表示范围从 00000000 到 11111111 的 256 个二进制数。除了最开始的 00000000 和最后的 11111111 具有特殊用途，不能用于主机地址，剩下 254 个数字都可作为主机地址[①]。因此我家的局域网中最多可以放置 254 台主机，它们的主机地址都在 00000001～11111110 这个范围内。

◎ 9.4　实验 3：了解 DHCP 服务器的作用

IP 地址和子网掩码都是软件层面上的设置。虽然可以在 Windows 的"设置"应用程序中将它们手动设置成所需的值，但手动设置容易出错，所以在大多数情况下最好还是使用自动设置。

[①]　所有比特全为 0 的主机地址仅表示网络地址，所有比特全为 1 的主机地址则用于广播，即用于向局域网中的所有主机发送数据。

回到刚刚 ipconfig /all 命令输出的信息中，这次重点关注"DHCP 已启用"和"DHCP 服务器"这两行。大多数情况下，"DHCP 已启用"都为"是"，而 DHCP 服务器的 IP 地址会显示在"DHCP 服务器"之后（参见图 9-4）。

```
DHCP 已启用 . . . . . . . . . . . . : 是
...
DHCP 服务器 . . . . . . . . . . . : 192.168.2.1
```

图 9-4 使用 ipconfig 查看是否已启用 DHCP 以及 DHCP 服务器的 IP 地址

DHCP 的全称是 Dynamic Host Configuration Protocol（动态主机配置协议）。DHCP 服务器会通过 DHCP 协议自动为主机设置 IP 地址、子网掩码等信息。DHCP 服务器中存储着能够分配给局域网中的主机的 IP 地址范围和子网掩码。当新主机接入局域网后，DHCP 服务器就会将尚未分配的 IP 地址分配给该主机。

下面再来看一下 ipconfig /all 命令输出的"默认网关"和"DNS 服务器"这两行。这里应该有两组 IP 地址[1]（参见图 9-5）。

```
默认网关 . . . . . . . . . . . . . : fe80::223:33ff:fe80:aac7%14
                                    192.168.2.1
...
DNS 服务器 . . . . . . . . . . . : 2404:1a8:7f01:b::3
                                    2404:1a8:7f01:a::3
                                    192.168.2.1
```

图 9-5 使用 ipconfig 查看默认网关的 IP 地址和 DNS 服务器的 IP 地址

---

[1] 默认网关的 IP 地址和 DNS 服务器的 IP 地址都以 IPv6 和 IPv4 这两种格式显示。

默认网关是局域网接入互联网时经过的第一台路由器。DNS 服务器的作用是告知域名对应的 IP 地址[①]（9.7 节会详细讲解）。这二者的 IP 地址也是 DHCP 服务器自动为主机设置的。

在诸位家的局域网中，默认网关、DHCP 服务器、DNS 服务器这三者的 IP 地址应该都是同一个吧。在我家也是如此，这三者的 IP 地址都是 192.168.2.1。这是因为作为默认网关的路由器往往还兼具 DHCP 服务器和 DNS 服务器的功能。如果是小型的家庭局域网，那么这种形式是没有问题的。但在大型的企业局域网中，路由器通常仅用于转发数据，DHCP 服务器和 DNS 服务器的功能则由单独的计算机提供。

◐ 9.5　实验 4：PING 默认网关

下面我们来学习 ping 这个网络命令。ping 命令用于要求对方的设备做出应答，能得到应答，就说明对方的设备还在运转。下面，我们来 PING 一下局域网中的默认网关（局域网接入互联网时经过的第一台路由器）。PING 的意思是使用 ping 命令检查对方设备的运转情况。

如下所示，只需在命令提示符窗口中依次输入 ping、空格以及默认网关的 IP 地址（如 192.168.2.1），再按下回车键，即可 PING 默认网关。

```
ping 192.168.2.1
```

如果能够看到图 9-6 所示的应答信息，那么就说明路由器还在运转。由于 ping 命令会连续 PING 4 次，因此应该会看到 4 条应答信息。

---

① 域名是用于标记 Web 服务器的一串字符。邮件地址中"@"符号之后的部分也是域名。

```
来自 192.168.2.1 的回复：字节 =32 时间 <1ms TTL=64
来自 192.168.2.1 的回复：字节 =32 时间 <1ms TTL=64
来自 192.168.2.1 的回复：字节 =32 时间 <1ms TTL=64
来自 192.168.2.1 的回复：字节 =32 时间 <1ms TTL=64
```

图 9-6　PING 默认网关得到的应答

"字节 = 32"表示对方设备应答的数据量。ping 命令默认发送 32 字节的数据，由这段信息可知默认网关已如数收到了数据。"时间 <1ms"表示直至收到对方设备的应答所需的时间。由于默认网关与执行 ping 命令的计算机在同一个局域网中，因此这个时间很短，不到 1ms（毫秒）。"TTL = 64"表示生存时间（Time To Live），具体作用会在 9.6 节中详细讲解。

9.6　实验 5：了解 TTL 的作用

ping 命令返回的 TTL 到底有什么用呢？我们知道，发送到互联网上的数据要经过多台路由器的转发才能到达接收者。但如果永远找不到接收者会怎样呢？数据会不会因此而一直在互联网中徘徊呢？为了避免这个问题，如果经过若干台路由器的转发仍无法到达接收者，那么数据就会被丢弃，就如同接收者不存在一样。TTL 的作用就是限定途经路由器的数量。

在 9.5 节的实验中，ping 命令返回了"TTL = 64"。这是由接收到了 PING 的默认网关响应的 TTL。由于默认网关直接与计算机相连，因此 TTL 的值不会减小。也就是说，这个"64"就是默认网关设置的 TTL 的初始值。

TTL 的值每经过一台路由器就会减 1，减到 0 时数据会被丢弃，从而防止了数据永远在互联网上徘徊。

下面我们来验证一下"每经过一台路由器 TTL 的值就会减 1"。为此，只需要 PING 一台互联网上的主机（而不是 PING 局域网中的主机）就可以。例如，我们可以 PING 图灵社区的 Web 服务器[①]。该 Web 服务器的域名是 www.ituring.com.cn。如下所示，只需在 ping 之后输入空格和该域名，然后再按下回车键，即可 PING 该 Web 服务器。我会在下一个实验中解释为什么这里无须使用 IP 地址，而是可以直接指定域名。

```
ping www.ituring.com.cn
```

图灵社区的 Web 服务器接收到 PING 之后，会返回图 9-7 所示的响应内容。TTL 的初始值取决于操作系统和系统配置，典型的取值包括 64、128、255 等。如果该 Web 服务器的 TTL 的初始值为 128，那么根据响应中的"TTL = 116"就可以推断出，从自己的计算机到该 Web 服务器，中间共有 128 − 116 = 12 台路由器（参见图 9-8）。

```
来自 123.56.144.65 的回复: 字节 =32 时间 =9ms TTL=116
来自 123.56.144.65 的回复: 字节 =32 时间 =12ms TTL=116
来自 123.56.144.65 的回复: 字节 =32 时间 =9ms TTL=116
来自 123.56.144.65 的回复: 字节 =32 时间 =9ms TTL=116
```

图 9-7　图灵社区 Web 服务器返回的响应内容

---

① 某些 Web 服务器会被设置为不应答 PING，此时我们会看到响应内容为 "Request timeout"（请求超时）。

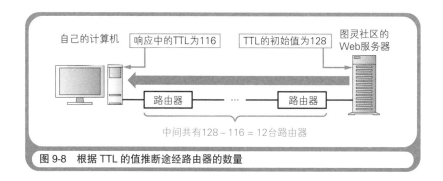

图 9-8　根据 TTL 的值推断途经路由器的数量

9.7　实验 6：了解 DNS 服务器的作用

本节就来解释一下在刚刚的实验 5 中，为什么在 ping 命令中无须使用 IP 地址，而是可以直接指定图灵社区 Web 服务器的域名。这是因为互联网上部署着大量 DNS（Domain Name System，域名系统）服务器，里面存储着域名与 IP 地址的对应关系。当像 "ping www.ituring.com.cn" 这样在 ping 命令中指定了域名时，该命令在 PING 之前就会先向 DNS 服务器询问这个域名对应的 IP 地址，然后再 PING 向 DNS 服务器告知的 IP 地址。

域名转换为 IP 地址的过程称为 "域名解析"。互联网上有大量的 DNS 服务器。如果某台 DNS 服务器无法完成域名解析，那么它就会去询问其他 DNS 服务器待查询的域名对应的 IP 地址。例如，在我自己家的网络中，路由器兼作 DNS 服务器。这台 DNS 服务器上就缺少 www.ituring.com.cn 这个域名对应的 IP 地址信息，因此还需要去询问其他 DNS 服务器。不仅仅是 ping 命令，我们在使用 Web 浏览器浏览图灵社区的网站时，浏览器同样需要向 DNS 服务器询问域名对应的 IP 地址。

我们可以使用 nslookup 这个网络命令来向 DNS 服务器询问 www.ituring.com.cn 对应的 IP 地址。如下所示，只需在命令提示符窗口中依次输入 nslookup、空格、待查询的域名、空格和 DNS 服务器的 IP 地址(这里使用的是兼作 DNS 服务器的路由器的 IP 地址 192.168.2.1)即可。

```
nslookup www.ituring.com.cn 192.168.2.1
```

DNS 服务器返回的查询结果如图 9-9 所示。"非权威应答"表示 192.168.2.1 这台 DNS 服务器又去询问了其他的 DNS 服务器才得知对应的 IP 地址。"名称"后面的 www.ituring.com.cn 是待查询的域名,"Address:"(地址)后面的 123.56.144.65 是该域名对应的 IP 地址[1]。如果有多个 IP 地址,则说明存在多台具有相同域名的 Web 服务器。

非权威应答:
名称　　www.ituring.com.cn
Address: 123.56.144.65

图 9-9　DNS 服务器返回的查询结果

9.8　实验 7:查看 IP 地址和 MAC 地址的对应关系

本章曾提到,是互联网将一个个局域网连接在了一起。由于局域网和互联网使用的协议不同,因此发送者和接收者在二者中的识别码也不同。在使用了以太网协议的局域网中,MAC 地址是识别码,而在互联网中,IP 地址是识别码。这就意味着,传输的数据(比如从互联网上的 Web 服务器传输回来的数据)一旦从互联网进入了局域网,接收者的识别码就必须由 IP 地址转换为 MAC 地址。那么问题来了,该

---

[1]　诸位在执行 nslookup 命令时,可能会看到不同于此处显示的 IP 地址,这属于正常现象。

如何将 IP 地址转换为 MAC 地址呢？

IP 地址到 MAC 地址的转换是由称作 ARP（Address Resolution Protocol，地址解析协议）的机制实现的。ARP 的工作方式很有意思，它会向局域网中的所有主机发起询问："IP 地址是 ××（如 192.168.1.101）的主机在吗？在的话请把你的 MAC 地址告诉我。"这种同时向局域网中所有主机发起询问的过程称作"广播"（broadcast）[①]。通过广播询问，如果某台主机回复了 MAC 地址，那么就表示所询问的 IP 地址可以转换为这个 MAC 地址。

当互联网上的主机向局域网中的主机传输数据时，是由路由器使用 ARP 将局域网中主机的 IP 地址转换为 MAC 地址的。而当同一局域网内的主机相互传输数据时，是由发送数据的主机使用 ARP 完成地址转换的。不过，如果每次都要通过广播来询问 IP 地址对应的 MAC 地址，则会大幅降低通信效率。于是主机提供了存储 MAC 地址和 IP 地址对应关系的功能来减少广播次数。这种对应关系的信息存储在"ARP 缓存表"中。

我们可以使用 arp 这个网络命令来查看计算机中的 ARP 缓存表。如下所示，只需在命令提示符窗口中依次输入 arp、空格和 -a 即可。-a 这个参数表示查看 ARP 缓存表的内容。

```
arp -a
```

按下回车键后，就可以看到图 9-10 所示的 ARP 缓存表（片段）。"Internet 地址"这一列是 IP 地址，"物理地址"这一列是 MAC 地址。"类型"这一列中的"动态"表示由 ARP 得到的 IP 地址和 MAC 地址的对应关系是暂时存储在表中的。如果超过预设的时间，那么"动态"的对应

[①] 询问 MAC 地址的广播是在局域网中进行的，因此使用的是表示广播的 MAC 地址 FF-FF-FF-FF-FF-FF。

关系就会被删除，需要重新通过 ARP 询问 IP 地址对应的 MAC 地址。

Internet 地址	物理地址	类型
192.168.2.1	00-90-fe-b1-83-d0	动态
192.168.2.100	c0-f8-da-24-fb-6f	动态

图 9-10　ARP 缓存表（片段）的示例

图 9-10 中的 192.168.2.1 是我家路由器的 IP 地址，192.168.2.100 是打印机的 IP 地址。我的计算机只有先使用 ARP 获取 IP 地址对应的 MAC 地址，才能与路由器和打印机通信。这是因为只有 MAC 地址才是主机在局域网中的识别码。

9.9　TCP 的作用及 TCP/IP 网络的层级模型

最后请允许我补充说明一些有关 TCP/IP 的内容。TCP/IP 表示网络中同时使用了 TCP 和 IP 这两种协议。正如前面所讲解的那样，IP 协议使用 IP 地址识别数据的发送者和接收者，并规定如何通过路由器转发数据。而 TCP 协议提供了可靠的数据传输，这是通过通信双方在发送数据的同时相互留意对方发来的确认信号来实现的。像这样边发送数据边等待对方确认的传输方式称作"握手"（handshake，参见图 9-11）。

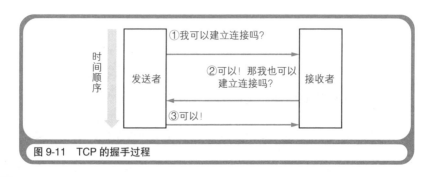

图 9-11　TCP 的握手过程

也许有的读者会觉得"协议"这个词不好理解。其实协议就是通信过程中要遵循的规则。正因为发送者和接收者都遵循了相同的规则，所以双方才能相互发送数据。遵循规则表现在双方都要通过既定的方式发送既定格式的数据。诸位敲打键盘输入的电子邮件等数据（应用程序的数据），并不是原封不动地发送出去的。为了分别遵循 TCP 的规则、IP 的规则以及以太网的规则，应用程序的数据要依次附加上 TCP 首部、IP 首部以及以太网首部[①]后才能发送。每种协议的首部中都包含了在该协议中用于识别发送者和接收者的识别码等信息。我们可以把首部想象成快递的发货单。

通过互联网传输的数据的结构如图 9-12 所示。TCP 协议使用的识别码称作"端口号"，不同于用于识别主机的 MAC 地址和 IP 地址，端口号用于识别 Web 浏览器、电子邮件软件等应用程序。

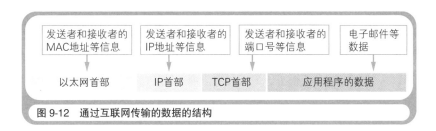

图 9-12　通过互联网传输的数据的结构

网络采用了层级结构。我们操作应用程序产生的数据是自上而下依次经过 TCP 层、IP 层、以太网层，最终通过网线发送出去的。每当到达下一层级，数据就会附加上相应的首部，随着层级的下降，附加的首部会越来越多。而在接收数据时，从网线接收到的数据又是自下而上依次通过以太网层、IP 层、TCP 层，最终传递给应用程序的，随着层级的上升，附加的首部会被不断剥离（参见图 9-13）。

---

① 首部（header）是指附加在应用程序数据头部的数据。

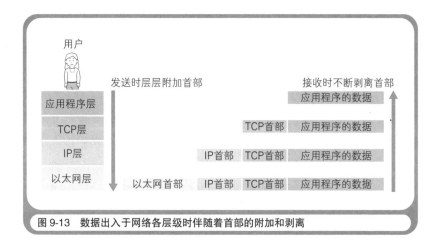

图 9-13　数据出入于网络各层级时伴随着首部的附加和剥离

☆　　　☆　　　☆

　　怎么样？对于一直在使用却不知其所以然的网络，一旦了解了背后的机制，就会很有成就感吧？在本章中，我们使用了 ipconfig、ping、nslookup、arp 这几个网络命令，如果有兴趣，诸位还可以继续探索其他网络命令，以加深对网络的理解。通过动手实验学到的知识，往往掌握得更扎实、记忆得更牢靠。

　　在接下来的第 10 章中，我将讲解与计算机安全紧密相关的加密技术和数字签名的原理。

第10章
加密与解密

在阅读本章内容前，让我们先回答下面的几个问题来热热身吧。

初级问题
把密文还原成明文的过程叫作什么？

中级问题
在字母 A 的字符编码（ASCII 编码）上加上 3，可以得到哪个字母？

高级问题
在数字签名中使用的哈希值是什么？

怎么样? 被这么一问, 是不是发现有一些问题无法简单地解释清楚呢? 下面我会公布答案并进行解释。

答案 ･･

初级问题: 把密文还原成明文的过程叫作"解密"。

中级问题: 在字母 A 的字符编码 (ASCII 编码) 上加上 3, 可以得到字母 D。

高级问题: 哈希值是对作为数字签名对象的整个文件进行计算后得出的数值。

解释 ･･

初级问题: 本章将会列举加密和解密的具体示例。

中级问题: 因为字母的字符编码是按字母的先后顺序由小到大排列的, 所以在字母 A 的编码上加 3 后 (A→B→C→D), 可以得到字母 D。

高级问题: 对比对整个文件计算出的哈希值, 可以证明文件是否被篡改。经过加密的哈希值就是数字签名。

**本章
要点**

　　前几章的内容都稍显死板，本章就换个轻松有趣的话题，敬请诸位放松心情往下阅读吧。本章的主题是数据的加密与解密。企业内部的局域网只连接了员工的计算机，所以其间传输的数据有时无须加密[①]。但互联网联结的是来自世界各地的企业和个人，因此势必会面临更多需要对数据进行加密处理的情况。例如，用户在网店购物时输入的信用卡卡号，就是典型的应该加密传输的数据。如果卡号未经加密就被发送出去，则很可能会面临卡号被互联网上的恶意用户盗取，信用卡被用来肆意购物的危险。因此网店页面的 URL 通常都是以 https:// 开头，表示数据正在加密传输。其实，大家在不知不觉中就已经是加密技术的受益者了。

　　那么，如何对数据进行加密呢？这的确是个有意思的话题。在本章中，我们将使用 Python 编写几个加密程序来回答这个问题。请诸位边阅读文字，边确认这些程序的行为。加密技术真的是一项有趣得令人兴奋的技术。

10.1　什么是加密

　　作为加密对象的数据有文本、图像等多种形式。由于计算机会用数字表示一切数据，因此尽管数据有多种形式，但加密的方法都基本相同。本章只关注文本数据的加密方法。

　　文本数据可以由各种各样的字符构成，其中每个字符都被分配了一个数字，我们称之为"字符编码"。字符集是多个字符的集合，分为

[①]　当然，即便是企业内的局域网也往往需要应用加密技术，比如像无线局域网这种传输的数据很容易被监听的环境，或者像人事资料这种就算是被员工盗取也会产生恶劣影响的敏感数据，都是加密的对象。

ASCII 字符集、JIS 字符集、Shift-JIS 字符集，EUC 字符集、Unicode 字符集等若干种。

表 10-1 列出了大写拉丁字母（A~Z）的 ASCII 编码（以十进制数表示）。计算机会把文本数据转换成数字序列，比如使用了 ASCII 字符集的计算机会把 NIKKEI 转换成"78 73 75 75 69 73"。但我们在屏幕上看到的依然是这串数字对应的字符串 NIKKEI。这种未经加密的文本数据称为"明文"。

表 10-1　A~Z 的 ASCII 编码

字符	编码	字符	编码
A	65	N	78
B	66	O	79
C	67	P	80
D	68	Q	81
E	69	R	82
F	70	S	83
G	71	T	84
H	72	U	85
I	73	V	86
J	74	W	87
K	75	X	88
L	76	Y	89
M	77	Z	90

既然明文数据在网络中传输面临被盗取滥用的危险，那么就先将明文加密成为"密文"再传输。虽然对计算机而言，密文与明文没有太大差别，仅仅是一串数字，但是在人类看来，屏幕上的密文是读不懂、没有意义的字符串。

虽然存在各种各样的加密方法，但是基本思路无外乎还是字符编码的变换，即改变明文中每个字符的字符编码。如果反转这种变换过程，则可以还原加密后的文本数据。密文还原成明文的过程称为"解密"[1]。

10.2 通过平移字符编码加密

介绍完加密与解密的概念和术语，下面来看看如何编写数据加解密的程序。代码清单 10-1 列出了一段用于加密字符串的示例程序。诸位只要抓住这段程序的大意即可，不必深究其中的细节（对于后续的示例程序也是如此）。该程序使用的加密方法是将字符串中每个字符的字符编码都向后平移 3 个数（将字符编码加 3）。程序运行后，屏幕上会显示"请输入明文 -->"。如果我们输入 NIKKEI，那么在按下回车键后屏幕上就会显示加密后得到的密文 QLNNHL。这样一来，即便有人窃取到了 QLNNHL，也无法理解这个字符串的意义（参见图 10-1）。

代码清单 10-1　加密时将字符编码加上 3

```
plaintext = input(" 请输入明文 -->")
cipher = ""
key = 3
for letter in plaintext:
    cipher += chr(ord(letter) + key)
print(cipher)
```

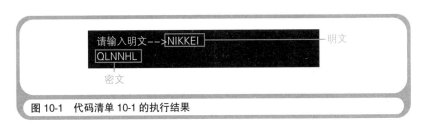

图 10-1　代码清单 10-1 的执行结果

---

[1] 解密和破解的区别在于，在将密文还原成明文的过程中密钥是否已知，是否需要反复试验。密钥是用于加密和解密的数字。

　　因为加密时是将字符编码向后平移了 3 个数，所以只要再将字符编码向前平移 3 个数就可以解密。代码清单 10-2 中就是解密程序的代码。与加密方法刚好相反，解密方法是从字符编码中减去 3。程序运行后，屏幕上会显示"请输入密文 -->"。我们就输入刚刚得到的 QLNNHL 并按下回车键。此时，屏幕上会显示出解密后得到的明文 NIKKEI（参见图 10-2）。怎么样？这看起来还挺酷的吧。

代码清单 10-2　解密时将字符编码减去 3

```python
cipher = input("请输入密文 -->")
plaintext = ""
key = 3
for letter in cipher:
    plaintext += chr(ord(letter) - key)
print(plaintext)
```

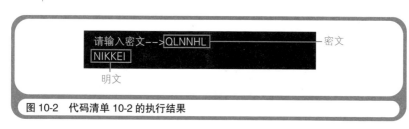

图 10-2　代码清单 10-2 的执行结果

　　也就是说，字符编码加上 3 就是加密，减去 3 就是解密。像 3 这种用于加密和解密的数字叫作"密钥"。如果 3 这个密钥是只有数据的发送者和接收者才知道的秘密，那么其他人就无法对加密过的数据进行解密。

　　下面再来编写一个密钥的值可以由用户指定的加密程序吧。该程序通过把每一个字符的字符编码与密钥做异或（XOR）运算来将明文转换成密文（参见代码清单 10-3）。在 Python 中，使用 ^ 表示异或运算。异或运算的有趣之处在于，用异或运算得到的密文，可以通过相同的异或运算解密。也就是说，一个程序既可用于加密又可用于解密，很方便（参见图 10-3 ）。

代码清单 10-3　通过异或运算进行加密和解密

```
text1 = input("请输入明文或密文 -->")
text2 = ""
key = int(input("请输入密钥 -->"))
for letter in text1:
    text2 += chr(ord(letter) ^ key)
print(text2)
```

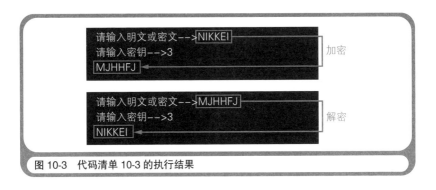

图 10-3　代码清单 10-3 的执行结果

　　异或运算的法则是，先把两个数字分别用二进制数表示，然后翻转（将 0 变成 1，将 1 变成 0）第一个数字中某些位置上的二进制数。翻转规则为，若第二个数字中某一位上是 1，就翻转第一个数字中相同位置上的二进制数。因为是靠翻转二进制数来加密的，所以只要再翻转一次就可以解密。图 10-4 展示了密钥 3（用二进制数表示是00000011）和字母 N（字符编码用二进制数表示是 01001110）做异或运算的结果。请诸位确认通过两次翻转还原出字母 N 的过程：N 的字符编码先和 3 做异或运算，结果是字母 M 的字符编码，然后 M 的字符编码再和 3 做异或运算，结果就又回到了 N 的字符编码。

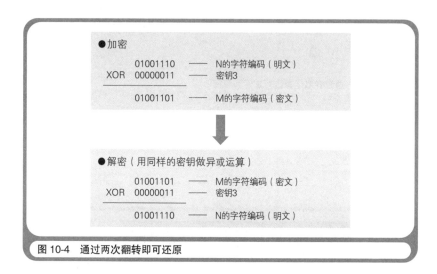

图 10-4 通过两次翻转即可还原

⬤ 10.3 密钥越长，破解越困难

人们在互联网上传输加密数据时，数据的加密方式通常是公开的，需要保密的只有密钥的值。本以为只要保护好密钥就可以确保数据安全，但令人遗憾的是，这个世界上总有坏人想去盗取那些并不是发送给他们的加密数据，企图破解后用于不可告人的目的。尽管并不知道密钥的值，但是他们会利用计算机强大的计算能力，通过穷举密钥所有可能的取值去破解密文。例如，只要在程序中随手把 0 ~ 9 这几个值分别作为密钥都尝试一遍，就能破解 10.2 节中用异或运算加密得到的密文 MJHHFJ（参见代码清单 10-4 和图 10-5）。

代码清单 10-4 破解通过异或运算得到的密文

```
text1 = input("请输入密文 -->")
for key in range(0, 10, 1):
    text2 = ""
    for letter in text1:
        text2 += chr(ord(letter) ^ key)
    print(f" 密钥 {key}: {text2}")
```

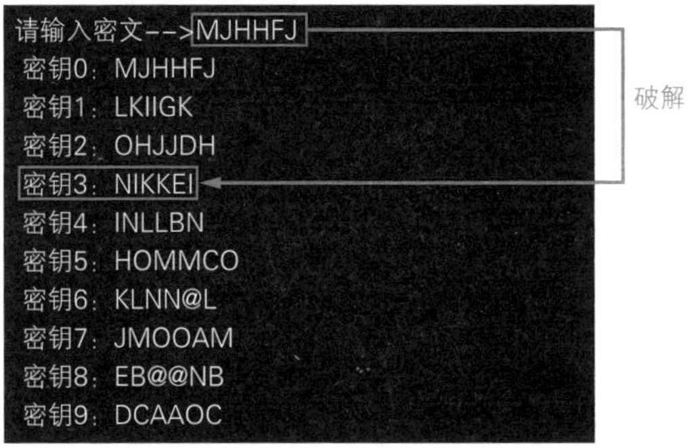

图 10-5 代码清单 10-4 的执行结果

在互联网上加密传输的数据也难免被盗，因此要设法确保数据被窃取后，其内容也难以破解。其实增加密钥的位数就可以加大破解的难度。下面，我们丢弃一位数的密钥 3，试着以 3 位数的 345 为密钥，再次通过异或运算来加密（参见代码清单 10-5）。我们分别将明文中的第一个字母与 3 做异或运算、第二个字母与 4 做异或运算、第三个字母与 5 做异或运算。从第四个字母开始，还是以 3 个字母为一组依次与 3、4、5 做异或运算，以此类推（参见图 10-6）。

代码清单 10-5 通过与 3 位数的密钥进行异或运算来实现加密和解密

```python
text1 = input(" 请输入明文或密文 -->")
text2 = ""
key = [3, 4, 5]
n = 0
for letter in text1:
    text2 += chr(ord(letter) ^ key[n])
    n = (n + 1) % 3
print(text2)
```

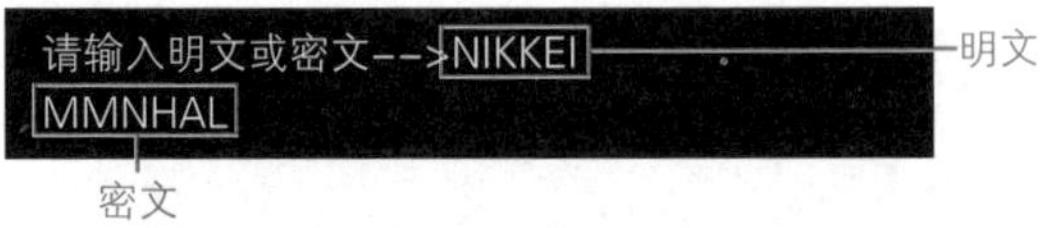

图 10-6　代码清单 10-5 的执行结果

如果密钥仅有一位数，那么只需从 0 到 9 尝试 10 次即可破解密文。但如果密钥的位数增加到了 3 位，那么就需要从 000 到 999 尝试 1000 次了。如果更进一步把密钥的位数增加到 10 位数，那么结果又会怎样呢？那样的话，破解者就需要尝试 10 的 10 次方，即 100 亿次才能破解。密钥每增加一位数，破解所需的尝试次数就是之前的 10 倍。如果密钥增加到 20 位数，那么就需要尝试高达 100 亿 ×100 亿次，就算借助超级计算机，也不可能破解。

10.4　使用"公开密钥加密"方式加密和解密

前面几节讲解的加密方法都属于"对称密钥加密"。这种加密技术的特点是在加密和解密时使用数值相同的密钥。因此，要使用这种方法，就必须把密钥的值作为只有发送者和接收者才知道的秘密保护好（参见图 10-7(1)）。虽然随着密钥位数的增加破解难度会陡增，但是我们仍不得不解决一个问题：发送者如何才能把密钥悄悄地告诉接收者呢？用挂号信吗？要真是那样的话，假设有 100 名接收者，那么发送者就要寄出 100 封挂号信，不仅非常麻烦，还要花费大量时间。互联网的用户需要实时地与世界各地的人们交换信息。因此对称密钥加密不适合直接在互联网中使用。

好在世界上不乏善于解决问题的能人。他们想到只要在加密和解密时使用不同的密钥，就可以克服对称密钥加密需要共享同一密钥的缺点。这种加密技术就是"公开密钥加密"。

使用公开密钥加密时，用于加密的密钥可以公开给全世界，因此称为"公钥"，而用于解密的密钥是只有自己才知道的秘密，因此称为"私钥"。假设我的公钥是3，私钥是7（实际中会使用位数更多的两个数作为一对密钥）。我会先通过互联网向全世界宣布"矢泽久雄的公钥是3哦"。这之后当诸位要向我发送数据的时候，就可以用3这个公钥加密数据了。这样一来就算加密后的数据被坏人盗取了，只要他不知道我的私钥就无法解密，从而保证了数据的安全。而我在收到密文后，则可以使用只有自己才知道的7这个私钥解密（参见图10-7(2)）。怎么样？这个加密技术很棒吧。

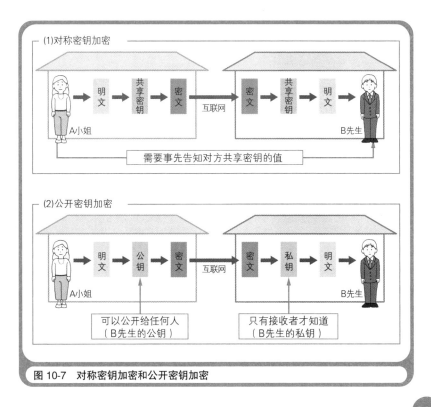

图 10-7 对称密钥加密和公开密钥加密

使用对称密钥加密时，假设 3 是密钥，那么如果是通过加上 3 来加密，则解密的方法自然是减去 3；如果是通过异或 3 来加密，那么再次异或 3 即可解密。然而，公开密钥加密的不可思议之处在于，加密和解密可以使用不同的密钥。这到底是如何实现的呢？

下面我们通过一个简单的示例来看一看公开密钥加密的原理。图 10-8 中的表格列出了 1~10 每个数字（可视作明文的字符编码）的 1~25 次方分别除以 55 的余数。表中的数字乍看之下杂乱无章，但请注意 21 这一列，这一列是 1~10 每个数字的 21 次方分别除以 55 的余数，这 10 个余数刚好是 1~10。也就是说，1~10 每个数字的 21 次方分别除以 55 后，得到的余数还是 1~10 这 10 个数字。

1~25次方分别除以55的余数

1~10（明文的字符编码）

	1	2	3	4	5	6	7	8	9	10	11	12	13	14	15	16	17	18	19	20	21	22	23	24	25
1	1	1	1	1	1	1	1	1	1	1	1	1	1	1	1	1	1	1	1	1	1	1	1	1	1
2	2	4	8	16	32	9	18	36	17	34	13	26	52	49	43	31	7	14	28	1	2	4	8	16	32
3	3	9	27	26	23	14	42	16	48	34	47	31	38	4	12	36	53	49	37	1	3	9	27	26	23
4	4	16	9	36	34	26	49	31	14	1	4	16	9	36	34	26	49	31	14	1	4	16	9	36	34
5	5	25	15	20	45	5	25	15	20	45	5	25	15	20	45	5	25	15	20	45	5	25	15	20	45
6	6	36	51	31	21	16	41	26	46	1	6	36	51	31	21	16	41	26	46	1	6	36	51	31	21
7	7	49	13	36	32	4	28	31	52	34	18	16	2	14	43	26	17	9	8	1	7	49	13	36	32
8	8	9	17	26	43	14	2	16	18	34	52	31	28	4	32	36	13	49	7	1	8	9	17	26	43
9	9	26	14	16	34	31	4	36	49	1	9	26	14	16	34	31	4	36	49	1	9	26	14	16	34
10	10	45	10	45	10	45	10	45	10	45	10	45	10	45	10	45	10	45	10	45	10	45	10	45	10

1~10每个数字的21次方分别除以55的余数刚好还是1~10

图 10-8　1~10 每个数字的 1~25 次方分别除以 55 的余数

接下来重点来了。因为 21 = 3 × 7，所以一个数的 21 次方等于这个数的 3 次方的 7 次方。这样一来，"5 的 21 次方除以 55 的余数还是 5"就可以分为两步计算，先计算出"5 的 3 次方除以 55 的余数等于 15"，再计算"15 的 7 次方除以 55 的余数"，这样同样可以计算出最终结果 5。也就是说，可以将 3 视作公钥，将"计算明文的 3 次方除以 55

的余数"作为加密过程，同时可以将 7 视作私钥，将"计算密文的 7 次方除以 55 的余数"作为解密过程。这就是公开密钥加密的原理[①]（参见图 10-9 ）。参与计算的 3、7、55 这 3 个值都是通过数学规则得到的。这个规则比较复杂，本章就不展开讲解了，感兴趣的读者可以去找一找相关资料。

将"计算明文的3次方除以55的余数"作为加密过程

	1	2	3	4	5	6	7	8	9	10	11	12	13	14	15	16	17	18	19	20	21	22	23	24	25
1	1	1	1	1	1	1	1	1	1	1	1	1	1	1	1	1	1	1	1	1	1	1	1	1	1
2	2	4	8	16	32	9	18	36	17	34	13	26	52	49	43	31	7	14	28	1	2	4	8	16	32
3	3	9	27	26	23	14	42	16	48	34	47	31	38	4	12	36	53	49	37	1	3	9	27	26	23
4	4	16	9	36	34	26	49	31	14	1	4	16	9	36	34	26	49	31	14	1	4	16	9	36	34
5	5	25	15	20	45	5	25	15	20	45	5	25	15	20	45	5	25	15	20	45	5	25	15	20	45
6	6	36	51	31	21	16	41	26	46	1	6	36	51	31	21	16	41	26	46	1	6	36	51	31	21
7	7	49	13	36	32	4	28	31	52	34	18	16	2	14	43	26	17	9	8	1	7	49	13	36	32
8	8	9	17	26	43	14	2	16	34	52	31	28	4	32	36	13	49	7	1	8	9	17	26	43	
9	9	26	14	16	34	31	4	36	49	1	9	26	14	16	34	31	4	36	49	1	9	26	14	16	34
10	10	45	10	45	10	45	10	45	10	45	10	45	10	45	10	45	10	45	10	45	10	45	10	45	10

将"计算密文的7次方除以55的余数"作为解密过程

图 10-9　公开密钥加密的原理

10.5　基于公开密钥加密的数字签名

在刚刚讲解的公开密钥加密的原理当中，还有一点非常值得关注，那就是 21 = 3 × 7 也意味着 21 = 7 × 3。在前面的示例中，我们是加密时计算 3 次方，解密时计算 7 次方，但反过来，也可以先计算 7 次方用于加密，再计算 3 次方用于解密。也就是说，既可以用 3 作为公钥加密，用 7 作为私钥解密，也可以反过来用私钥 7 加密，用公钥 3 解密。而后者正是"数字签名"背后的原理。

[①] 公开密钥加密有多种计算方法，本节介绍的是称为"RSA 加密"的计算方法。

数字签名不但相当于证明身份的签名或印章，还可以证明文件的内容未被篡改。实质上，数字签名是经过发送者私钥加密的文件的"哈希值"[①]。文件的哈希值是根据文件中所有字符的字符编码计算出的字符串。

下面我们通过一个简单的示例来看一看数字签名的原理。假设发送者 A 要向接收者 B 发送内容为"NIKKEI"的文件。A 为了提供该文件确实是其本人发送且内容未被篡改的证明，她生成了数字签名并随该文件一同发送给 B。在发送过程中，该文件本身并未加密。A 生成数字签名和 B 验证数字签名的具体步骤如下所示。为了简单起见，这里用文件中所有字符的字符编码之和除以 10 得到的余数作为哈希值，算式中的"Mod"表示求余数。实际中数字签名的计算过程要比本例复杂得多。

【文件的发送者 A】

(1) 准备发送内容为"NIKKEI"的文件。

(2) 准备值为 3 的公钥和值为 7 的私钥。

(3) 计算文件的哈希值。

$$N(78) + I(73) + K(75) + K(75) + E(69) + I(73) = 443$$

443 Mod 10 = 3……哈希值

(4) 用私钥 7 对计算出的哈希值 3 进行加密，得到数字签名 42。

$$3^7 \text{ Mod } 55 = 42……数字签名$$

---

① 哈希值一词中的"哈希"是"hash"的音译，本意是"混杂"。之所以称为哈希值，是因为该值是通过将文件中所有字符的字符编码"混在一起"得到的。

(5) 将文件、数字签名和公钥发送给接收者 B[1]。

【文件的接收者 B】

(1) 接收发送者 A 发送的文件、数字签名和公钥。

(2) 计算文件的哈希值[2]。

$N(78) + I(73) + K(75) + K(75) + E(69) + I(73) = 443$

$443 \bmod 10 = 3$……计算出的哈希值

(3) 用 A 的公钥 3 解密数字签名 42，得到哈希值。

$42^3 \bmod 55 = 3$……解密出的哈希值

(4) 对比前两步得到的两个哈希值，如果二者一致（都是 3），那么即可证明接收到的文件确实是由 A 发送的且未被篡改。

为什么经过这一系列操作就可以证明该文件确实是 A 本人发送的且内容未被篡改呢？之所以 B 能够用 A 的公钥解密加密后的文件的哈希值（数字签名），是因为这个哈希值是用 A 的私钥加密的。而 A 的私钥应该只有 A 知道，由此可以证明文件确实是 A 本人发送的。B 计算出的哈希值和解密出的哈希值都是 3，相同的哈希值又可以证明文件未被篡改过。假设"NIKKEI"在传输过程中被篡改成了"NIKKEN"（结尾处的 I 被篡改成了 N），那么计算出的哈希值会变成 8，就与解密出的哈希值 3 不一致了。数字签名的大体工作流程如图 10-10 所示。

---

① 在实际应用数字签名时，A 发送的并不是公钥本身，而是由受信任的证书颁发机构颁发的公钥证书。A 的公钥证书是用证书颁发机构的私钥对 A 的信息、公钥、该机构的信息等进行加密得到的。假设 B 事先就知道该证书颁发机构的公钥，那么他只需使用该公钥对 A 的公钥证书解密，即可获得 A 的公钥。公钥证书类似于盖了章的证书，证书颁发机构则相当于政府机关，其负责颁发带有印章的证书。

② 计算哈希值的方法是公开的，假设 B 事先知道该计算方法。

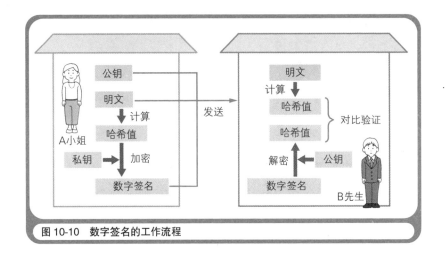

图 10-10　数字签名的工作流程

☆　　☆　　☆

对称密钥加密虽然计算简单，处理速度快，但其密钥无法通过网络发送。而公开密钥加密尽管计算复杂，处理速度慢，但加密密钥（公钥）可以放心通过网络传输。其实还有一种结合了二者优点的"混合加密技术"。使用混合加密技术时，通信双方中的一方会先使用速度较慢的公开密钥加密进行加密，加密的对象是用于对称密钥加密的密钥（共享密钥），然后将经过加密的密钥发送给对方。这样一来，在后续的通信过程中，双方就可以使用速度较快的对称密钥加密传输数据了。混合加密技术兼顾了处理速度和安全性，非常实用，广泛用于网页的加密传输。

在接下来的第 11 章中，我将介绍作为通用数据格式的 XML。

第11章

XML 究竟是什么

在阅读本章内容前，让我们先回答下面的几个问题来热热身吧。

初级问题

XML 的全称是什么？

中级问题

HTML 和 XML 的区别是什么？

高级问题

哪种处理 XML 文档的程序组件成了 W3C 的推荐标准？

怎么样？被这么一问，是不是发现有一些问题无法简单地解释清楚呢？下面我会公布答案并进行解释。

答案

初级问题：XML 的全称是 Extensible Markup Language（可扩展标记语言）。

中级问题：HTML 是用于编写网页的标记语言。XML 是用于定义任意标记语言的元语言。

高级问题：DOM（Document Object Model，文档对象模型）。

解释

初级问题：所谓标记语言，就是可以用标签为数据赋予意义的语言。

中级问题：用于定义新语言的语言称作"元语言"。使用 XML 可以定义出各种新语言。

高级问题：程序组件是用于创建程序的零部件。许多编程语言支持 DOM。

**本章
要点**

··

在计算机行业，应该很少有人没听说过 XML，诸位应该都听说过这个词。作为一种发展了 20 多年的技术，XML 已渗透到了计算机的各个领域，例如，既有能够把文件保存成 XML 格式的应用程序，也有支持 XML 的 DBMS（数据库管理系统），还有基于 XML 实现的 Web 服务……

本章将围绕"XML 究竟是什么"展开。XML 因其既简单又通用的规范，广泛应用于越来越多的场景。而且 XML 还将不断进化下去。本章就来梳理一下 XML 的基础知识吧。

··

11.1 XML 是标记语言

本章就从 XML 这个词的含义开始讲起吧。XML 是 Extensible Markup Language 的缩写，意为"可扩展标记语言"。下面我们先介绍什么是"标记语言"，然后再说明何谓"可扩展"。

其实诸位已经在享用标记语言带来的便利了。例如，用于编写网页的 HTML（Hypertext Markup Language，超文本标记语言）就是一种标记语言。图 11-1 所示的网页实际上是一个名为 index.html 的 HTML 文件，其部署在图灵社区的 Web 服务器上。一般情况下，HTML 文件的扩展名是 .html。

图 11-1　图灵社区的首页，这个页面实际上是一个 HTML 文件

在 Web 浏览器（这里使用的是谷歌浏览器）窗口中单击右键，从弹出的菜单中选择"显示网页源代码"就可以显示 index.html 这个文件的源代码。可以看到里面有很多用"<"和">"括起来的单词（参见图 11-2）。

图 11-2　显示图 11-1 所示网页的 HTML 源代码

　　`<html>`、`<head>`、`<title>`、`<body>` 等都是 "标签"。`<html>` 是用于表示这是 HTML 文件的标签。其他标签也有各自的含义，`<head>` 表示网页的头部，`<title>` 表示网页的标题，`<body>` 表示网页的主体。除此之外还有使文字加粗显示的 `<b>`、在网页中插入图片的 `<img>`，等等。

　　通过添加标签为数据赋予意义的行为称为 "标记"。为标记行为定义规则的语言就是 "标记语言"。HTML 是用于编写网页的标记语言，也就是说，HTML 规定了可用于编写网页的标签的种类。反过来说，可使用的标签的种类反映了标记语言的规范。Web 浏览器会对 HTML 的标签进行解析，把由它们标记的数据渲染成便于阅读的网页中的内容。

11.2　XML 是可扩展的标记语言

　　正如其名，XML 是一种标记语言。XML 文件的扩展名一般是 .xml（使用其他扩展名也可以）。Windows 中就有很多 XML 文件。我们可以先从 Windows（这里使用的是 Windows 10 专业版）的资源管理器中选择 "C:\Windows" 这个文件夹，然后在右上方的 "搜索" 框中输入 "*.xml" 并按下回车键。这里的 "*" 表示任意文件名，所以这样可以搜索出该文件夹中所有扩展名为 .xml 的文件。搜索出来的 XML 文件应该有不少，下面就使用 Windows 的记事本程序随便打开一个看看[①]。我打开的是名为 "osinfo.xml" 的 XML 文件（参见图 11-3）。

---

① "C:\Windows" 文件夹中的大多数 XML 文件与 Windows 的设置有关，所以不要修改这些文件。

图 11-3　打开 XML 文件就会看到里面也使用了大量标签

可以看到 XML 文件中也有大量标签。我打开的这个 XML 文件中就包含了 `<specVersion>`、`<major>`、`<minor>` 等标签。能够使用这些标签是由 XML 规定的吗？答案是否定的。XML 本身并不会限定标签的种类，反倒是允许使用者随心所欲地创建标签。也就是说，在"<"和">"中可以填写任意的单词。这就是所谓的"可扩展"。在 HTML 中，我们只能使用 HTML 规定好的标签，因此 HTML 是固定的标记语言。与此相对，XML 是可扩展的标记语言。通过对比，诸位应该能清楚地区分 HTML 和 XML 了。

11.3　XML 是元语言

XML 并没有限定可使用的标签的种类，使用者可以随意创建标签。XML 仅仅限定了进行标记时标签的书写格式（书写风格）。这就意味着，只要定义好标签的种类，就可以创造出一门新的标记语言。这种用于创造语言的语言称作"元语言"。例如，我们可以使用 `<dog>`、`<cat>` 等标签，创造一门属于自己的标记语言——宠物标记语言。不过，就算新语言是自己创造的，也仍然是 XML 格式的标记语言，所以不遵循一定的规范是不行的。如果只是在文档中胡乱地堆积标签，则无法称之为"符合 XML 规范的语言"。表 11-1 中列出了作为元语言的 XML 的规范。这些规范都很简单，诸位可以粗略地浏览一下。

表 11-1　XML 中的主要规范

规范	示例
XML 文档的开头要包含 XML 声明，声明使用的 XML 版本和字符编码	`<?xml version=" 1.0" encoding="UTF-8"?>`
数据要用形如 "< 标签名 >" 的开始标签和形如 "</ 标签名 >" 的结束标签括起来	`<cat> 小玉 </cat>`
标签名既不能以数字开头，中间也不能含有空格	不能用 `<5cat>` 或 `<my cat>` 作标签名
由于半角空格、换行符和制表符（TAB）都会被视为空白字符，因此在文档中可以利用这些字符随意地换行或缩进书写	（请参考图 11-4）
没有标记的数据时，既可以写成 "< 标签名 ></ 标签名 >;"，又可以写成 "< 标签名 />"	`<cat></cat>` 和 `<cat/>` 是等价的
标签名区分大小写	`<cat>`、`<CAT>` 和 `<Cat>` 互不相同
标签中可以再嵌套标签以表示层级结构，但不能交叉嵌套	`<pet><cat> 小玉 </cat></pet>` 正确，`<cat><pet> 小玉 </cat></pet>` 错误
在 XML 声明的后面，必须有且只有一个"根元素"，该元素包含了所有其他的元素	`<pet>……其他的元素……</pet>`
在开始标签中，可以以"属性名 =" 属性值 ""的形式加入任意的属性	`<cat type=" 三色猫 "> 小玉 </cat>`
如果要在标记的数据中使用 "<" ">" "&" """ "'" 这 5 个特殊符号，就要把它们写成 "<" ">" "&" """ 和 "'"	`<cat> 小玉 &amp; 小老虎 </cat>`

（续）

规范	示例
只要用 "<![CDATA[" 和 "]]>" 把标记的数据括起来，就可以在里面直接使用 "<" ">" "&" """ "'" 这 5 个特殊符号了。这种写法适用于要书写大量特殊符号的场景	\<cat\>\<![CDATA[小玉 & 小老 虎 & 咪咪 & 小哆啦]]\> \</cat\>
注释的写法是用 "<!--" 和 "-->" 把注释的内容括起来	<!-- 这是注释 -->

　　XML 文档是纯文本格式的，也就是说其只包含字符。遵循 XML 规范的文档称为 "XML 文档"，XML 文档保存在 "XML 文件"中。可以使用记事本等文本编辑器编辑 XML 文档。

　　图 11-4 展示了一个使用宠物标记语言编写的 XML 文档的示例，其中使用了 3 种标签：<pet>、<cat> 和 <dog>。虽然标签的名字是我自己规定的，但是在标签书写格式、XML 声明等方面都遵循了 XML 的规范，所以这是一个格式良好的 XML 文档（well-formed XML document）。

图 11-4　宠物标记语言

11.4　XML 可以为数据赋予意义

诸位现在应该已经充分理解为什么 XML 是可扩展的标记语言了吧？但是可能随之又会产生新的疑问——XML 到底有什么用呢？要想了解 XML 的用途，就要先了解 XML 的诞生过程。

众所周知，网页的出现使互联网得到了普及。网页是显示在 Web 浏览器上的页面，页面中包含经过 HTML 标签标记的文字和图片。浏览网页的当然是计算机的用户，也就是人。例如，浏览购物网站的是人，确认商品价格的是人，最后下单订购商品的还是人。

不过，我们可以编写一个程序让计算机来帮助我们购物。该程序能够自动检查多个购物网站上的商品价格，然后自动在报价最低的网站上下单。但如果网站只提供了 HTML 的网页，那么这个程序编写起来就会很麻烦。这是因为 HTML 中规定的各种标签只能用来指定数据的呈现样式，而无法表示数据的含义。

来看一下图 11-5 所示的 HTML 文件。用浏览器查看这个 HTML 文件（网页）时，我们能轻松区分哪些数据是商品编号，哪些数据是商品名称，哪些数据又是价格。例如，虽然 1234 和 19800 都是数字，但是我们还是知道 1234 是商品编号，而 19800 是价格（参见图 11-6）。不过，单从 HTML 的标签上就无法区分商品编号、商品名称和价格了。`<table>`、`<tr>` 和 `<td>` 只表示以表格的形式呈现数据。为了获取程序要处理的数据，就不得不从图 11-5 所示的 HTML 文件中提取出商品编号、商品名称和价格，而提取过程非常烦琐。但如果先定义出 `<productId>`、`<productName>`、`<price>` 等标签，然后再用它们分别标记商品编号、商品名称、价格等数据呢？程序加载了带有这些标签的文件后，就能够轻松识别出各种数据了，因为数据的含义已经用这些标签标记出来了。

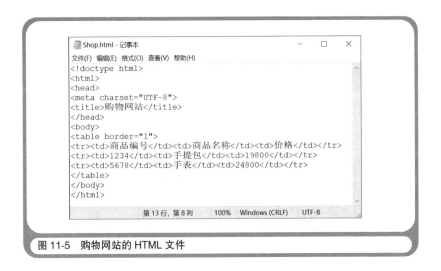

图 11-5 购物网站的 HTML 文件

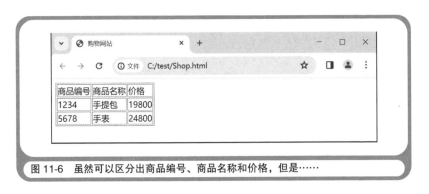

图 11-6 虽然可以区分出商品编号、商品名称和价格，但是……

商业领域中存在着不计其数的数据，蕴涵着各种各样的信息。行业不同，数据的类型也就不同。而且，随着时代的发展，新兴行业还在不断涌现。就算 HTML 的标签再多，也还是不能满足所有行业的需求。于是人们发明了 XML 这种元语言，而 HTML 的用途就仅限于展现网页，即所谓的数据可视化了。这也提醒我们：今后应使用更加灵活的 XML 为各个行业、各个特定的用途创建标记语言。XML 的主要用途是为在互联网上交换的数据赋予意义（参见图 11-7）。当然，在互联网以外的场景中也可以使用 XML，只不过在 XML 诞生的过程中互联网一直伴随左右[①]。

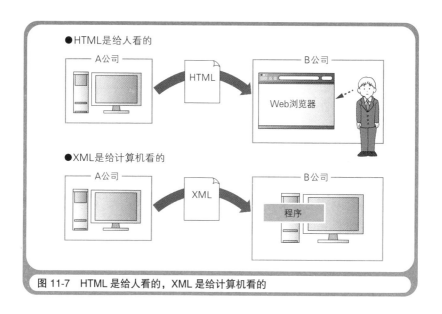

图 11-7　HTML 是给人看的，XML 是给计算机看的

11.5　XML 是通用的数据格式

在互联网的世界中，有一个叫作 W3C（World Wide Web Consortium，万维网联盟）的机构，该机构以"W3C 推荐标准"的形式制定了一系列标准。XML 于 1998 年成为 W3C 的推荐标准（XML 1.0）。W3C 的推荐标准是不依赖于特定厂商的通用规范。因此可以认为 XML 是一种

---

① 在 XML 诞生之前，有一门称为 SGML（Standard Generalized Markup Language，标准通用标记语言）的标记语言。但 SGML 的语法非常复杂，不适用于互联网中的数据交换。XML 是 SGML 的简化版。

通用的数据格式。也就是说，如果某厂商的应用程序把数据保存到 XML 文件中，那么其他厂商的应用程序就可以通过加载这个 XML 文件来使用数据。除此之外，XML 也可以在同一个厂商的不同应用程序之间交换数据。

XML 并不是第一个跨厂商、跨应用程序的通用数据格式。在计算机行业，长久以来一直把 CSV（Comma Separated Value，逗号分隔值）作为通用数据格式沿用至今。下面就来对比一下 XML 和 CSV 吧。

与 XML 文件一样，CSV 文件也是仅由字符构成的纯文本文件。CSV 文件的扩展名通常为 .csv。正如其名，CSV 文件记录的是由 "，"（半角逗号）分割的数据。如图 11-8 所示，如果用 CSV 表示 11.4 节提到的购物网站中的商品信息，那么字符串就要用 ""（半角双引号）括起来，数字则可以直接书写。每一件商品的记录（有一定意义的数据的集合）占一行。

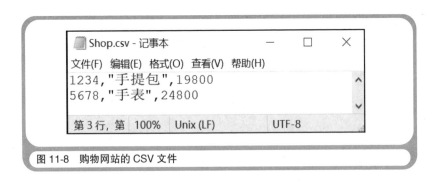

图 11-8　购物网站的 CSV 文件

CSV 只记录了数据本身，并没有为各项数据赋予意义。在这一点上还是 XML 更胜一筹。这是否意味着 CSV 今后将完全被 XML 取代呢？答案是否定的。CSV 和 XML 都会继续存在下去，因为它们各有千秋。不仅是计算机行业，其他行业亦是如此，如果多个方法可以达到相同的目的，那么这些方法必然会各有优劣。

图 11-9 所示的 XML 文件中使用了以下标签来描述购物网站中的
商品信息：<shop>、<product>、<productId>、<productName>
和 <price>。相较于 CSV 文件，因为标签为信息赋予了意义，所以
XML 文件分析起来更方便。但 XML 文件的大小变大了，刚才的 CSV
文件不过 50 字节，而这个 XML 文件是 280 字节，竟比 CSV 文件的 5
倍还要大。文件越大，占用的存储空间就越多，需要的传输及处理时
间也越长。

图 11-9　购物网站的 XML 文件

另外，有些常用的应用程序不仅支持以私有数据格式保存文件，
还支持通用的数据格式。以 Microsoft Excel 为例，在 Microsoft Excel
2000 以及之前的版本中，仅支持 CSV 作为通用的数据格式。而从
Microsoft Excel 2002 开始，同时支持 CSV 和 XML 两种格式（参见
图 11-10）。这也算是今后还会继续同时将 CSV 和 XML 用作通用数据

格式的一个证据吧。

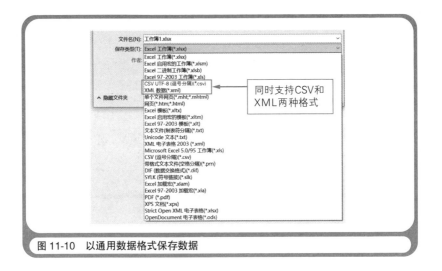

图 11-10　以通用数据格式保存数据

11.6　为 XML 标签设定命名空间

XML 的应用场景并不仅限于互联网，但通过互联网在全世界的计算机之间交换数据时，XML 确实是一种常用的数据格式。这样一来，有可能会遇到一个问题：虽然标签的名字相同，但是标记语言的创造者们为它们赋予了不同的含义。例如，对 <cat> 这个标签来说，有人会用它来表示猫（CAT），也有人会用它来表示连接（conCATenate）[①]这种操作（参见图 11-11）。

---

① cat 除了表示猫，还是一个类 Unix 系统的命令，该命令能够将多个文件的内容连接在一起显示出来。在计算机行业，应该也有不少人更倾向于由 cat 这个词联想到连接（concatenate 的缩写），而不是猫。

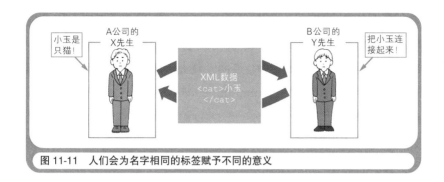

图 11-11　人们会为名字相同的标签赋予不同的意义

为了防止这种同名异义带来的混乱，一个 W3C 推荐标准——XML 命名空间（XML namespaces）诞生了。所谓命名空间，即表示标签是由哪家公司或者由谁定义的。在 XML 文档中，通过把 "xmlns=" 命名空间 "" 作为标签的一个属性，就可以为标签设定命名空间。xmlns 即 XML NameSpace（命名空间）的缩写。通常用全世界唯一的标识符作为命名空间。说到互联网世界中的唯一标识符，公司的 URL（Uniform Resource Locator，统一资源定位符）就再好不过了。例如，在 XML 文件中，GrapeCity 公司的矢泽创建的 <cat> 标签可以写成如下形式。

```
<cat xmlns="http://www.grapecity.com/yazawa">小玉</cat>
```

这样就可以区别于使用了其他命名空间的 <cat> 标签了。

在本例中，作为 <cat> 标签的命名空间的 http://www.grapecity.com/yazawa 仅作为一个全世界唯一的标识符来使用。就算把这个 URL 输入到 Web 浏览器的地址栏中，也不会显示出有内容的网页。

11.7　严格定义 XML 实例的结构

除了之前讲解过的"格式良好的 XML 文档"，还有一个概念叫作"有效的 XML 文档"（valid XML document）。所谓有效的 XML 文档，

是指带有 DTD（Document Type Definition，文档类型描述）信息的
XML 文档。其实完整的 XML 文档应包括 XML 声明、XML 实例、
DTD 这 3 个部分。所谓 XML 声明，就是写在 XML 文档开头形如
`<?xml version="1.0" encoding="UTF-8"?>` 的部分。XML 实
例是文档中由标签标记的部分。而 DTD 的作用是定义 XML 实例的结
构。虽然也可以省略 DTD，但是通过 DTD 可以严格地检查 XML 实例
的内容是否有效。

　　图 11-12 展示了一个写有 DTD 的 XML 文档，该 XML 文档记录
了公司的名称和地址。用"`<!DOCTYPE mydata [`"和"`]>`"括起
来的部分就是 DTD。DTD 定义了在 `<mydata>` 标签中至少有一个
`<company>` 标签；在 `<company>` 标签中必须包含 `<name>` 标签和
`<address>` 标签。只要定义好了这样的 DTD，就可以判断出只记录
了公司名称，却没有记录地址的 XML 实例是无效的。我们可以先忽略
DTD 的具体写法，重点是了解 DTD 的用途。

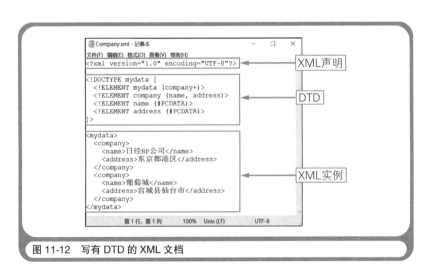

图 11-12　写有 DTD 的 XML 文档

类似于 DTD，还有一项名为 XML Schema 的技术也可用于定义 XML 实例的结构。DTD 借用了可以称得上是标记语言始祖的 SGML 的规范。而 XML Schema 是专为 XML 研发的技术，可以对 XML 实例执行更严格的检查，比如检查数据类型、数字位数等。DTD 是 1996 年发布的 W3C 推荐标准，而 XML Schema 发布于 2001 年。

11.8 用于解析 XML 的程序组件

前面介绍过，计算机善于处理用 XML 文档记录的数据。那么，如何编写处理 XML 文档的程序呢？

也许有人会想：既然 XML 文档是纯文本文件，那么只要编写一个能够读写文件的程序就可以了……这当然没错！但是，如果要亲手从零开始编写这样的程序，那么就太麻烦了。像切分标签这样的处理，即便 XML 文档的内容不同，其步骤也大致相同。要是有人能提供处理这些步骤的代码就好了——这样想的人应该不止我一个吧。

的确存在用于处理 XML 文档的程序组件。比如已成为 W3C 标准的 DOM（Document Object Model，文档对象模型）以及由 XML-dev 社区开发的 SAX（Simple API for XML）。其实，无论是 DOM 还是 SAX，都只是组件的规范，实际的组件是由某个厂商或社区提供的。

下面我们来看一段使用 Python 编写的示例程序。这段代码将读取图 11-4 所示的名为 MyPet.xml 的 XML 文档，并输出从中提取出的标签和数据。这里使用的 minidom 是 Python 自带的程序组件，该组件遵循 DOM 的规范。诸位没有必要去了解这个程序的方方面面，只知道 DOM 提供了便于处理 XML 文档的方法就足够了（参见代码清单 11-1 和图 11-13）。

代码清单 11-1　使用 DOM 处理 XML 文档

```
# 导入遵循 DOM 规范的组件
from xml.dom.minidom import parse

# 显示从 MyPet.xml 中提取出的标签和数据
doc = parse('MyPet.xml')
node0 = doc.getElementsByTagName("pet")
for node1 in node0:
    for node2 in node1.childNodes:
        if node2.nodeName == "dog":
            print("dog···" + node2.childNodes[0].data)
        elif node2.nodeName == "cat":
            print("cat···" + node2.childNodes[0].data)
```

```
cat···小玉
dog···小不点儿
```

图 11-13　代码清单 11-1 的执行结果

11.9　XML 适用于各种领域

人们已经使用 XML 创建出了各种标记语言，其中有些已成为 W3C 的建议标准（参见表 11-2）。软件厂商在存储数学算式、多媒体数据等数据时，以往使用的都是自家应用程序的私有格式，现在已纷纷改用 XML 这种通用的标记语言来描述要存储的数据。

表 11-2　使用 XML 定义的标记语言示例

名称	用途
XSL	指定 XML 文档的显示格式
MathML	描述数学算式
SMIL	在网页中嵌入多媒体数据
SVG	用向量表示图形数据
XHTML	使用 XML 定义 HTML（用于编写网页）

为了实现各自的目的，每一种标记语言都定义了独特的标签。例如，描述数学算式的 MathML（Mathematical Markup Language，数学标记语言）就定义了表示根号、乘方、分数等数学元素的标签。

$$aX^2 + bX + c = 0$$

使用 MathML 描述上述方程的代码如图 11-14 所示。

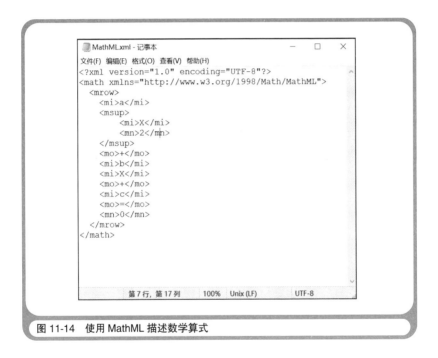

图 11-14　使用 MathML 描述数学算式

☆　　☆　　☆

在各个领域中都可以见到 XML 的身影，这已经是不折不扣的事实了，而且一定还会继续出现新的使用方法。但是请不要认为这等同于"今后只有 XML 一种数据格式"，因为 XML 只有在充当通用数据格式时才有价值。也就是说，只有在像互联网那样的环境中，运行在不同机器中的不同应用程序相互联结时，XML 才会大有作为。如果只有一台计算机，或者只在一家公司内部，那么使用 XML 格式存储数据就体现不出优势，反倒会因文件增大而浪费存储空间。XML 是"通用"的，但不是"万能"的。

第 12 章是本书的最后一章，我们将讲解由各种技术组合而成的计算机系统。

第12章

SE 负责监管计算机系统的开发

在阅读本章内容前，让我们先回答下面的几个问题来热热身吧。

初级问题

SE 的全称是什么？

中级问题

IT 的全称是什么？

高级问题

请列举一个系统开发过程的模型。

怎么样？被这么一问，是不是发现有一些问题无法简单地解释清楚呢？下面我会公布答案并进行解释。

答案 ··

初级问题：SE 的全称是 System Engineer（系统工程师）。

中级问题：IT 的全称是 Information Technology（信息技术）。

高级问题：系统开发过程的模型有瀑布模型、原型模型、螺旋模型等。

解释 ···

初级问题：在计算机系统的开发过程中，SE 是参与所有开发阶段的工程师。

中级问题：一提到 IT，通常就意味着运用计算机解决问题，但这个词本身没有计算机的含义。

高级问题：本章将会详细介绍应用瀑布模型的开发过程。

**本章
要点**

　　从第 1 章到第 11 章，本书逐一讲解了各种各样的计算机技术。作为本书的最后一章，请允许我在本章中再介绍一下由这些技术组合而成的计算机系统，以及负责开发计算机系统的 SE。本章不仅有技术方面的内容，还会涉及商业方面的内容。对商业而言，没有绝对正确的见解，因此本章的叙述中多少会含有我的主观想法，这一点还望诸位谅解。

　　"将来的目标是音乐家！"——正如新出道的偶像歌手都会有这句口头禅一样，过去新入行的工程师也有一句口头禅，那就是"将来的目标是 SE！"在那时，SE 给人的印象是计算机工程师的最高峰。可是最近，想成为 SE 的人似乎并没有那么多了。不善于与客户交谈、感到项目管理之类的工作很麻烦、觉得穿着牛仔裤默默地面对计算机才更加舒坦等原因似乎都是不想成为 SE 的理由。SE 的工作内容果真如此糟糕吗？其实不然，SE 所从事的是有趣且值得去做的工作。下面我们就来了解一下身为 SE 所需要掌握的技能以及 SE 的工作内容吧。

12.1　SE 是自始至终参与系统开发过程的工程师

　　SE 到底是负责什么工作的工程师呢？《日经计算机术语辞典 2002》（日经 BP 出版社）中对 SE 做出了如下解释。

　　SE 指的是在进行业务的信息化时，负责调查、分析业务内容，确定计算机系统的基础设计及其详细规格的技术人员。同时，SE 也负责系统开发的项目管理和软件的开发管理、维护管理工作。由于主要的工作是基础设计，因此不同于编写程序的程序员，SE 需要具备从硬件结构、软件的构建方法到横跨整个业务的广泛知识以及项目管理的经验。

　　简单地说，SE 就是自始至终参与计算机系统开发过程的工程师，而不是只负责编程的程序员。所谓系统，就是"由多个要素相互发生关联，结合而成的带有一定功能的整体"。将各种各样的硬件和软件组合起来构建而成的系统就是计算机系统。

　　至今为止，有些业务依然要依靠手工完成，而引进计算机系统能够提高这类业务的效率。SE 在调查、分析完手工业务的内容后，会进行把业务迁移到计算机系统的基本设计，并确定详细的规格。SE 负责项目管理、软件开发管理，以及引进计算机系统后的维护工作，编写软件（编程）的工作则交由程序员完成。

　　也就是说，SE 是从计算机系统开发的最初阶段（调查分析）开始，一直到最后阶段（维护管理）都会参与其中的工程师。比起只参与编程这一工作的程序员，SE 的工作范围更加广泛。为此，SE 必须掌握从硬件到软件再到项目管理的多种技能（参见表 12-1）。

表 12-1　SE 和程序员的工作内容及所需技能对比

职业	工作内容	所需技能
SE	调查、分析客户的业务内容 计算机系统的基本设计 确定计算机系统的规格 估算开发费用和开发周期 项目管理 软件开发管理 计算机系统的维护管理	需求分析 书写策划案 硬件 软件 网络 数据库 安全 管理能力
程序员	编写软件（编程）	编程语言 算法和数据结构 关于开发工具和程序组件的知识

12.2　SE 未必是程序员出身

正如其名，虽然也是工程师，但 SE 与孜孜不倦地处理具体工作的专业技术人员并不相同。可以说 SE 更像是负责管理技术人员的"管理者"。若以建设房屋为例，程序员就相当于木匠，而 SE 相当于木匠师傅或现场监理。但是请不要误解，SE 未必比程序员的职务高。从职业规划上来说，也不是所有程序员将来都会成为 SE。

确实有人是从程序员的岗位转到了 SE，二十几岁时是程序员，三十几岁时当上了 SE。但是也有人是从 SE 的新手成长为 SE 的老手，二十几岁时担任小型计算机系统的 SE，三十几岁时担任大型计算机系统的 SE。说到底，SE 和程序员是两份完全不同的职业。在企业中，如果说 SE 部门有一条从负责人到科长再到部长的职业发展路线，那么程序员部门自然也会有一条与之相应的从负责人到科长再到部长的职业发展路线。

但是，现在在日本几乎已经找不到还在开发操作系统或 DBMS 这类大型程序的企业了，所以企业中程序员部门的规模通常不大，多数情况下隶属于 SE 部门或其他管理部门，甚至有的企业还会把整个编程工作委托给外包公司。因此，很少有人能够以程序员的身份升迁到部长的职位，从而也就造成了程序员成为 SE 的下属这样的现状。

12.3　系统开发过程的规范

12.1 节曾提到，从计算机系统开发的最初阶段到最后阶段，SE 是自始至终都要参与其中的工程师。那么 SE 应该遵循怎样的过程来开发计算机系统呢？无论任何事都需要规范，即便未能按其实践，规范的存在也算是一种参考。

本节介绍的"瀑布模型"就是一种开发过程的规范。如图 12-1 所示，瀑布模型将开发过程分为 7 个阶段。虽然实际开发中可能未必如此，但规范毕竟是规范。

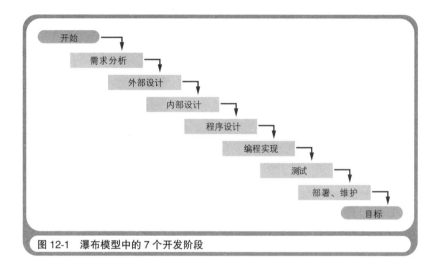

图 12-1　瀑布模型中的 7 个开发阶段

在瀑布模型中，每完成一个阶段，SE 都要书写文档（报告）并组织审核工作。进行审核时需要召开会议，在会上由 SE 为开发团队的成员、上司以及客户讲解文档的内容。只有审核通过了，得到了上司或客户的批准，才能进入后续开发阶段。如果审核没有通过，则不能进入后续阶段。一旦进入了后续阶段，就不能回退到之前的阶段。为了避免回退到上一阶段，一是要力求完美地完成每一个阶段的工作，二是要严格执行审核标准，这些就是瀑布模型的特征。这种开发过程之所以称为"瀑布模型"，是因为该过程就好像是开发团队乘着小船，一边挑战一个又一个的瀑布（通过审核），一边从上游顺流而下漂向下游，永不后退。而坐在船头的人当然就是 SE 了（参见图 12-2）。

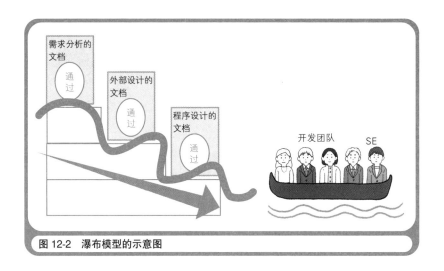

图 12-2 瀑布模型的示意图

12.4 各个阶段的工作内容及文档

表 12-2 展示了瀑布模型各个阶段的工作内容及需要书写的文档。文档的种类可根据实际情况做出调整。

表 12-2 各个阶段需要书写的文档

阶段	文档
需求分析	系统策划文档、系统功能需求规格文档
外部设计	外部设计文档
内部设计	内部设计文档
程序设计	程序设计文档
编程实现	模块设计文档、测试计划文档
测试	测试报告
部署、维护	部署手册、维护手册

在"需求分析"阶段，SE 需要倾听客户的需求，调查、分析手工业务的现状。作为本阶段的成果，SE 要书写"系统策划文档"和"系

统功能需求规格文档"。

然后是设计计算机系统的过程，该过程可以分为 3 个阶段。虽然看起来有些啰唆，但规范终归是规范。第一个阶段是"外部设计"，是与从外部观察计算机系统相关的设计。设计内容包括系统处理的数据、显示在屏幕上的用户界面、打印机打印的样式等。第二个阶段是"内部设计"，是与从内部观察计算机系统相关的设计。内部设计的目的是将外部设计的内容具体化。在计算机行业中常会提及"外部"和"内部"，一般情况下，把从用户的角度看到的东西称为"外部"，把从开发者的角度看到的东西称为"内部"。也许这样说会更容易理解，外部设计设计的是用户看得到的部分，内部设计设计的是开发者看得到（用户看不到）的部分。第三个阶段是"程序设计"，是为了用程序实现内部设计而做出的更加详细的设计。作为以上 3 个设计阶段的结果，SE 要分别书写"外部设计文档""内部设计文档"和"程序设计文档"。

接下来就进入了"编程实现"阶段，所要做的工作是编写代码，由程序员根据程序设计文档的内容，把程序输入计算机中。只要经过充分的程序设计，编程就能变成一项十分简单的工作，因为这里所做的工作只是把程序设计书上的内容翻译成程序代码。作为本阶段的文档，SE 要书写用于说明程序结构的"模块设计文档"和用于下一阶段的"测试计划文档"。这里所说的模块，就是拆解出来的构成程序的要素。

到了"测试"阶段，测试人员要根据测试计划文档的内容确认程序的功能。在最后编写的"测试报告"中，还必须定量地（用数字）标示出测试结果。如果只记录了诸如"已测试"或"没问题"之类含糊的测试结果，那么就难以判断系统是否合格了。

定量表示测试结果的方法包括涂色检查、覆盖测试等。涂色检查的做法是逐一确认"系统功能需求规格文档"中的功能，如果该功能实现了，就用红笔把它涂红。覆盖测试则是一种表示有多少代码的行为已经经过确认的方法。"通过涂色检查，已确认了系统 95% 的功能""已完成了 80% 的覆盖测试"。如果能像这样给出定量的测试结果，那么就很容易判定系统是否合格。

如果测试合格了，就会进入"部署、维护"阶段。"部署"指的是将计算机系统引进（安装）到客户的环境中，让客户使用。"维护"指的是定期检查计算机系统能否正常工作，根据需要进行文件备份或根据应用场景的变化对系统进行部分改造。只要客户还在使用该计算机系统，这个阶段就会一直持续下去。在这一阶段要书写的文档是"部署手册"和"维护手册"。

12.5　所谓设计，就是拆解

请诸位再从上游到下游回顾一遍瀑布模型中的各个开发阶段（参见图 12-1）。概括来说，从需求分析阶段到程序设计阶段，工作的内容是把将要被计算机系统所替代的手工业务拆解为细小的要素。从编程实现阶段到部署、维护阶段，工作的内容是把拆解出的要素转换成程序的模块，再把模块拼装成计算机系统。

庞大复杂的事物往往无法直接创建，不仅是计算机系统，建筑物或是飞机也是如此。人们往往要先把庞大复杂的事物拆解成细小简单的要素，才能开始设计。有了各个要素的设计图，整体的设计图也就出来了。接下来就可以按照要素的设计图制作小零件（程序中的模块）了，待每个小零件的测试（单元测试）都通过了，就只剩看着整体的设计图组装零件了。最后再来一轮测试（集成测试），测试组装起来的零件是否能正确地协作运转。大型的计算机系统就是这样开发出来的（参见图 12-3)。

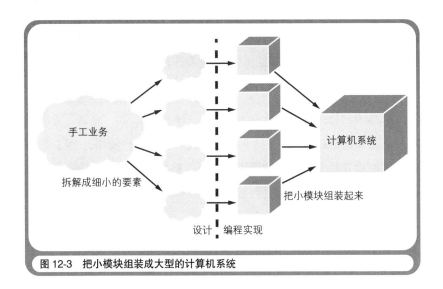

图 12-3　把小模块组装成大型的计算机系统

　　设计计算机系统，就等同于拆解手工业务，即实现程序的模块
化。程序的模块化手段大体分为"面向过程"和"面向对象"两种（参
见表 12-3)。面向过程有时也称为"过程式编程"。

表 12-3　程序的模块化手段

手段	思路
面向过程	将业务中的过程模块化
面向对象	将业务中的事物（对象）模块化

　　计算机系统的引进提升了手工业务的效率。在设计过程中，需要
将手工业务拆解为便于计算机处理的模块。面向过程的思路是将业务
中的过程模块化，而面向对象的思路是将业务中的事物（对象）模块
化。这两种模块化手段各有优缺点，需要计算机系统的设计者根据具
体情况合理选择。

12.6 技术能力和沟通能力

正如前文所述，SE 需要具备多种能力。这些能力大体上可以分为两类——技术能力（technical skill）和沟通能力（communication skill）。技术能力是灵活运用硬件、软件、网络、数据库、安全等技术的能力。沟通能力是与他人交换信息的能力，而且是双向的信息交换能力。一个方向是从客户到 SE，即 SE 倾听客户的需求；另一个方向是从 SE 到客户，即 SE 向客户传递信息。SE 需要兼备技术能力和沟通能力。为此，一定要先牢牢掌握这两种能力的基础知识。

技术能力的基础知识，就是从第 1 章开始一路讲解过来的内容，这里不再赘述。那么沟通能力的基础知识到底是什么呢？能够规规矩矩地打招呼、能够写出条理清晰的文档、能够声音洪亮地讲话……当然这些都很重要。因此，可以说作为一般社会成员所需的常识，就是沟通能力的基础知识。在此之上，身为 SE 还必须具备这一身份所特有的常识，那就是"了解 IT"。每个社会成员都有自己的定位。当 SE 站在客户的面前时，客户就会把 SE 看作了解 IT 的人（参见图 12-4）。万一 SE 不了解 IT 会怎样呢？若真是这样的话，沟通可就进行不下去了。

图 12-4　SE 的定位 = 了解 IT 的人

　　我经常在培训会上向立志成为 SE 的新员工问这样一个问题："你认为 SE 一上来应该向客户提什么问题？"大多数新员工会回答："您需要什么样的计算机系统？"这个回答当然没有错，但并不能算是最好的答案。这是因为客户最关心的是使用计算机解决眼前的问题，而不是引进什么样的计算机系统。因此 SE 应该首先询问客户："您遇到什么困难了吗？"倾听客户的难处，给出解决对策（IT 解决方案），这才是 SE 的职责。

12.7　IT 不等于引进计算机

　　IT 是 Information Technology（信息技术）的缩写，也许翻译成"充分运用信息的技术"会更加贴切。虽然一提到信息化（IT 化），人们普遍就会认为是引进计算机，一提到 IT 行业就会认为是计算机行业，但是身为 SE，是不能把"信息化"和"引进计算机"混同起来的。计算机只不过是一种信息化的工具。甚至不使用计算机，信息化也能照样进行。

　　举例来说，诸位手中或多或少都有一些名片吧？那么怎样才能把这些名片充分利用起来呢？"按照姓氏拼音首字母排序后放入名片夹中，当想要打电话或寄信时，从中查找……"这样的做法就很信息化了。"根据中秋节或春节要不要送礼，把名片按照供应商、经销商等分门别类……"这样就更信息化了。这里所说的"很信息化了"就等同于"正在充分利用信息"。如果手工业务也能充分利用信息，那么即便未使用计算机，也是了不起的信息化。"一直在名片上用手写的方式记下交易记录，这样做真麻烦……"这回该轮到计算机出场了，让计算机来解决手工业务中的信息化问题（参见图 12-5）。

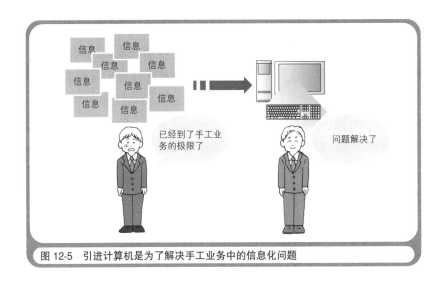

图 12-5　引进计算机是为了解决手工业务中的信息化问题

　　SE 的工作是分析手工业务的内容，提出能够用计算机解决客户所面临问题的方案。如果手工业务上的难题根本无法用信息化的方法解决，而客户又深信"只要引进了计算机，自然就可以解决了"，那么应该怎么办呢？这时 SE 应该向客户说明，计算机不是万能的机器，并不是什么问题都能解决。

12.8　计算机系统的成功与失败

　　本章一开始就提到，SE 所从事的是有趣且值得去做的工作。这是因为只要成功引进计算机系统，就会让人油然而生一种巨大的成就感。享有这份成就感是能够和客户直接沟通的 SE 才有的特权。"太棒了！真是帮了大忙了！谢谢！""下回遇到困难还找你！"看到了客户的笑脸，获得了客户的信任，作为一名定位是 SE 的社会成员，此时定会打心底感到满足。为此，无论如何都要设法成功引进计算机系统。

成功的计算机系统是什么样的呢？那就是能完全满足客户需求的计算机系统。客户期待的是由计算机带来的 IT 解决方案，而不是计算机技术。既能满足需求又能稳定地工作，这样的计算机系统才是客户需要的。以此为标准，计算机系统是成功还是失败就很容易判断了。如果引进的计算机系统能真正为客户所用，那么它就是成功的。而对于失败的计算机系统，无论使用了多么高深的技术，拥有多么漂亮的用户界面，最终还是会因"还不如手工处理方便呢"这样的理由被客户拒绝，变得无人问津。

下面就来练习一下如何向客户提出应用了计算机的 IT 解决方案吧。假设客户在手工处理名片信息的过程中，已经遇到了难以解决的困难。诸位打算提出什么样的解决方案呢？如果打算提议开发定制的计算机系统（比如"名片管理系统"），那么就请先等一等。由于客户是会考虑预算的，因此 SE 也不得不考虑金钱方面的问题，不能提议超过客户预算、华而不实的计算机系统。

在这个案例中，由一台个人计算机、一台打印机、Windows 操作系统以及市场上出售的通讯录软件（贺年卡软件等）构成的一套计算机系统就足够了（参见图 12-6）。即使使用的是市面上出售的一些产品，组成的计算机系统也一样能很出色，也能提供完美的 IT 解决方案。这样的计算机系统所需要的全部费用应该可以控制在 20 万日元（约合 1 万元人民币）以内。客户也会认为"要是 20 万日元以内的话，倒是可以试试"。

如果这套计算机系统能为客户所用，那么就算成功了。为此，还要确保计算机系统不会在关键时刻"罢工"。计算机系统的故障是避免不了的。所以只能事先预测可能发生的故障，想出防患于未然的对策。对客户来说，最重要的莫过于存储在个人计算机硬盘中的名片信息。

这些信息可不像一般的商品那样只要有 20 万日元就可以再买一套。为了降低硬盘故障造成的损失，我们还要建议客户定期备份。

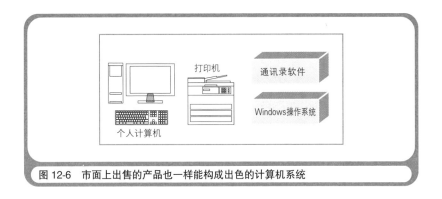

图 12-6　市面上出售的产品也一样能构成出色的计算机系统

为了应对硬盘故障，我们还需要购买用于备份的 U 盘或 SD 卡，这笔开销可以算作维护费。但是，很多客户很反感计算机系统的维护费。这时 SE 必须让客户理解维护费的必要性，劝说客户时要强调信息的价值。"您手里这些信息的价值可是远远超过了维护费"——若这样劝说，客户应该会接受建议。

12.9　大幅提升可用性的多机备份

为上述计算机系统添加了信息备份机制就能充分满足客户的需求了吗？其实这样还是不够完善。这是因为在该计算机系统中，个人计算机和打印机都只有一台，无论是哪一边出故障，整个计算机系统都会"罢工"。计算机系统的每个构成要素要么处于正常运转状态，要么是出现故障处于维修状态。正常运转时间的比率叫作"可用性"。可用性可以用图 12-7 所示的公式计算。

$$可用性 = \frac{正常运转的时间}{正常运转的时间 + 出现故障后的维修时间}$$

图 12-7　可用性的计算公式

　　请诸位先记住一个结论：为计算机系统的构成要素预留备份，可以大幅度提升整体可用性。我们来看一个具体示例。假设一台个人计算机的可用性是 90%，一台打印机的可用性是 80%（真实个人计算机或打印机的可用性要高得多，这里只是为了便于计算）。图 12-8 所示的计算机系统可以算作"串联系统"，用户输入的全部信息的 90% 会经过个人计算机到达打印机，而这 90% 的信息中只有 80% 会通过打印机顺利地打印出来。因此这套计算机系统整体的可用性就是 90% 之中的 80%，即 0.9×0.8=0.72=72%。

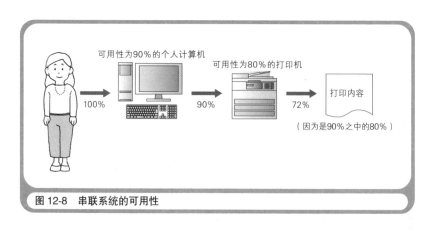

图 12-8　串联系统的可用性

　　接下来使用两台性能相同的个人计算机和两台性能相同的打印机再试着搭建一个"并联系统"。如图 12-9 所示，这次无论是个人计算机还是打印机，两台之中只要有一台还在工作，整个计算机系统就不会停止运转。因为单台个人计算机的可用性是 90%，所以"故障率"是 10%（100%−90% = 10%）。两台个人计算机同时出现故障的概率是 10%×10% = 0.1×0.1 = 0.01 = 1%。因此，把两台个人计算机当作一个设备考虑时，该设备的可用性就是 100%−1% = 99%。同样，因为单台打印机的可用性是 80%，所以故障率是 20%（100%−80% = 20%）。两台打印机同时出现故障的概率是 20%×20% = 0.2×0.2 = 0.04 = 4%。因此，把两台打印机当作一个设备考虑时，该设备的可用性就是 100%−4% = 96%。综上所述，可以把使用了两台个人计算机和两台打印机的并联系统，看作由可用性为 99% 的个人计算机和可用性为 96% 的打印机组成的串联系统，因此整体的可用性是 0.99×0.96 ≈ 0.95 = 95%。

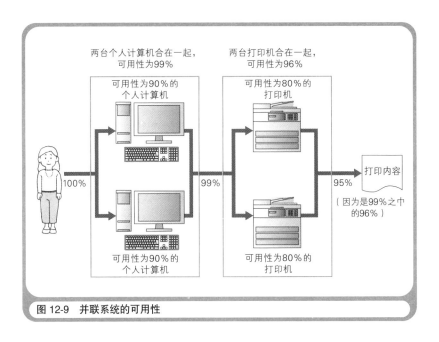

图 12-9　并联系统的可用性

当个人计算机和打印机各有一台时，可用性是 72%，仅仅是分别增至了两台，可用性就一下子飙升到了 95%。如果能出示这个数据，那么相信客户应该会接受 20 万日元的两倍，即 40 万日元的费用。由此看来，身为 SE，在谈话时还必须能从技术的角度有理有据地说服对方。

☆　　　☆　　　☆

在计算机行业确实有"SE 的地位要高于程序员"这种说法。那么，所有计算机技术人员都必须以 SE 为目标吗？即使非常热爱编程，但想一辈子当程序员有错吗？我认为并不是这样的，想一辈子当程序员也很好。

但问题是如果要立志成为计算机行业的专家，则不能仅仅关注技术。虽然精通技术确实让人感到兴奋，但如果只是这样，那么早晚有一天工作就会变得没那么有意思了。有些人在 30 岁左右就会选择离开计算机行业，不是因为他们追赶不上技术前进的步伐，而是因为他们感到工作变得无聊了。

专家也好，普通人也罢，只有为社会做出了贡献才能有成就感，才会觉得工作有意义。可能有人会觉得"这么说来，即使是程序员，只要有为社会做贡献的意识不就好了吗？"能这样想就对了。SE 也好，程序员也罢，所有和计算机相关的工程师都要有这样一种意识：我们要让计算机技术服务于社会。如果能有这样的决心，就应该能把工作作为一生的事业和计算机愉快地相处下去了吧。

结束语

在撰写本书之前，我还写过一本叫作《程序是怎样跑起来的》的书。该书被翻译成了韩文和中文，所以不仅是日本国内，在海外也有很多读者。感谢诸位读者的抬爱！但在高兴之余，我又感到了深深的歉意。曾经有读者来信写道："因为是热门图书，所以买了一本，但内容太难了，理解不了。"为此我又一心一意地撰写了本书的第 1 版，从最基础的知识开始讲起，清晰划定知识范围，明确目标，力求做到更加通俗易懂。第 2 版延续了第 1 版的简单明了的写作风格，诸位读后感想如何呢？若能感到"计算机原来是这样跑起来的啊""计算机越学越有意思"，我将不胜荣幸。

谢辞

在本书修订出版之际，我要衷心感谢从策划阶段就开始关照我的《日经 Software》杂志的柳田俊彦主编、矢崎茂明记者，日经 BP 出版社的高畠知子、田岛笃，以及每一位工作人员。借此机会，还要感谢诸位读者对我的鼓励，并为我指出了连载于《日经 Software》上的系列文章"计算机并不难"以及本书第 1 版中的遗漏和错误。

版 权 声 明

COMPUTER WA NAZE UGOKUNOKA DAI 2 HAN SHITTE OKITAI HARDWARE & SOFTWARE NO KISO CHISHIKI by Hisao Yazawa
Copyright © 2022 by Hisao Yazawa
All rights reserved.
Originally published in Japan by Nikkei Business Publications, Inc.
Simplified Chinese translation rights arranged with Nikkei Business Publications, Inc. through CREEK & RIVER Co., Ltd.

本书中文简体字版由 Nikkei Business Publications, Inc. 授权人民邮电出版社独家出版。未经出版者书面许可，不得以任何方式复制或抄袭本书内容。

版权所有，侵权必究。